出发吧
太空探测器

张唯诚 / 著

科学出版社

北京

内 容 简 介

在进入太空时代以前，人们有关太阳系的知识都来自于肉眼和望远镜的观测，但太空时代到来后，人们对太阳系的认识便越来越多地依赖太空探测器。探测器不仅能飞到星球附近对其进行近距离的研究，还把人类包括视觉在内的各种感官的感觉能力延伸到了太阳系的边缘。这是继望远镜之后的又一次伟大进步，人类也因此获得了大量有关太阳系的知识，并且在质和量上都形成了一次飞跃。本书将向读者全面生动地介绍这样一次伟大的发现之旅。

图书在版编目(CIP)数据

出发吧，太空探测器 / 张唯诚著.—北京：科学出版社，2016.7
ISBN 978-7-03-048896-1

Ⅰ.①出… Ⅱ.①张… Ⅲ.①航天探测器–普及读物 Ⅳ.①V476.4–49

中国版本图书馆 CIP 数据核字（2016）第136721号

责任编辑：侯俊琳 樊 飞 / 责任校对：王 瑞
责任印制：吴兆东 / 封面设计：众聚汇合

科 学 出 版 社 出版
北京东黄城根北街16号
邮政编码：100717
http://www.sciencep.com

北京虎彩文化传播有限公司印刷
科学出版社发行 各地新华书店经销
*

2016年7月第 一 版   开本：720×1000 1/16
2024年3月第五次印刷   印张：17
字数：350 000

定价：49.00元
（如有印装质量问题，我社负责调换）

前言：大脑在地球上，感官在远方

　　1877 年，火星迎来了难得一遇的"大冲"，这是观测火星的最好时机。那年 8 月，美国海军天文台的天文学家阿萨夫·霍尔使用当时口径最大的 66 厘米折射望远镜在火星的附近寻找它的卫星，然而火星周围光线太亮，多天的搜索毫无进展。霍尔非常沮丧，回到家里，准备放弃。这时霍尔的妻子斯蒂克尼对他说："再试一试吧，多么难得的机会啊。"

　　于是霍尔又回到望远镜旁。这一回，他如愿以偿了。霍尔发现了火星的两颗卫星，内层的那颗是火卫一"福波斯"，外层的那颗是火卫二"德莫斯"。后来天文学家们将火卫一上最大的陨石坑命名为"斯蒂克尼"。

　　"斯蒂克尼"的直径为 9000 米，人们很想仔细观察一下它，这一愿望在 2008 年得到了完美的实现。那一年，两艘火星探测器——"火星勘测轨道器"和"火星快车"都为火卫一拍下了清晰度极高的照片，它们最近时离火卫一只有 93 千米。

　　仅凭望远镜，火卫一和火卫二只是火星旁边的小点，但有了探测器，人们便清楚地看到了那个叫"斯蒂克尼"的陨石坑。它的边坡有一些拖痕，是松散物质长期滑落的痕迹，边缘有一大块淡蓝色的区域，表明这颗卫星的内部很可能由颜色深暗的物质组成。看来造成"斯蒂克尼"的那次撞击极为猛烈，差一点使火卫一分崩离析。

　　从发现火卫一到清楚地观测"斯蒂克尼"，时间仅仅过去了一百

多年，但我们却看到人类对宇宙的探索能力发生了怎样令人惊叹的进步，这其中的一个重要原因就是使用了太空探测器，它把人类的感官带到了和星球"近在咫尺"的地方，于是今天的人们就可以仔细地端详遥远星球上极为细微的部分，就像他们从容打量"斯蒂克尼"一样。

如果说，天文望远镜的发明大大延展了人类的视觉能力，使我们对宇宙的观测活动取得了革命性的进步（请参阅本系列读物《镜收眼底：天文望远镜中的星空》一书），那么太空探测器的出现就相当于大大延展了人类的各种感觉能力，包括视、听、嗅、触等。人们将包括望远镜在内的各种仪器安装在太空探测器上，让它们飞往遥远的星球，从而代替人类的眼睛、耳朵、鼻子和手去"看"、"听"、"嗅"和"触摸"遥远的世界。那里的天空是什么颜色？大气含有怎样的成分？土壤里是否有水？是否存在生命？

这样的情景非常奇妙：我们将"感官"延伸到了太阳系遥远的边缘，而自己却依然呆在地球上。

这一切是如何发生的？我们有关太阳系的知识是如何得到的？我们今天认识的太阳系是怎样的？这本书将向你讲述人类用探测器探索太阳系的传奇故事，向你展示太阳系最新的真实图景，从而尝试为你提供这些问题的答案。

大约在 15 ～ 17 世纪的这段时间里，人们驾驭航海的风帆巡游了地球，人们证实地球是圆的，发现在地球的另一边也有大陆，这件事被史学家们称为"地理大发现"，而今天，同样伟大的事情正在发生之中，这一次，人们是操纵太空探测器遨游太阳系，这就是我们正在经历的"太阳系大发现"。

因此，太空探测器是身怀绝技的"飞行英雄"，功勋卓著的"探险先锋"，更是人类求真品格和探索精神的化身。

出发吧，让我们和它们一道踏上激动人心的太阳系发现之旅！

目 录

CONTENTS

前言：大脑在地球上，感官在远方 …………………………… i

引子 ……………………………………………………………… 001

第一章　访问地球的邻居 …………………………………… 010

　　第一节　水星印象 …………………………………………… 010

　　第二节　破解金星的"命运密码" ………………………… 017

　　第三节　初识火星 …………………………………………… 024

第二章　到火星上去 ………………………………………… 033

　　第一节　成为"火星专家" ………………………………… 033

　　第二节　"勇气"和"机遇"的火星生活 ………………… 038

　　第三节　有了新火星车 …………………………………… 046

　　第四节　这里是"盖尔陨石坑" ………………………… 053

　　第五节　火卫之谜 ………………………………………… 061

第三章　飞往小行星的传奇之旅 ………………………… 067

　　第一节　"黎明号"的"一箭双雕" ……………………… 067

第二节　回望太阳系的"黎明" ··· 072

第三节　"尼尔号"的太空飞行 ··· 079

第四节　初识"近地小行星" ·· 087

第四章　狂暴的"朱庇特" ··· 092

第一节　"伽利略号"的奇遇 ·· 092

第二节　揭秘木星风暴 ··· 100

第三节　走近"火山王国" ··· 104

第四节　木卫二的冰下海洋 ·· 111

第五节　木星在保护我们吗？ ·· 116

第五章　土星的奇幻世界 ··· 122

第一节　土星环传奇 ··· 122

第二节　土卫六的"水世界" ·· 131

第三节　生命猜想 ··· 140

第四节　发现"土卫明星" ·· 144

第五节　土卫九和土星的"怪星群" ·· 149

第六章　太阳系的"远郊风光" ··· 156

第一节　探索"二王星" ·· 156

第二节　终于看清了冥王星 ·· 165

第三节　破解生命起源之谜 ·· 175

第四节　飞往太阳系的"罗塞塔石碑" ·· 183

第七章　追逐日月的太空飞行 ·· 196

第一节　太阳周围的"探日明星" ·· 196

第二节　冰轮如何升起 ·· 206

第三节　双月时代 ··· 213

第四节 月亮上的几种水 ⋯⋯⋯⋯⋯⋯⋯⋯⋯ 219

第五节 飞往月球的中国探测器 ⋯⋯⋯⋯⋯ 224

第八章 太空探测器的追求 ⋯⋯⋯⋯⋯⋯⋯ 236

第一节 从核电池到离子引擎 ⋯⋯⋯⋯⋯⋯ 236

第二节 帆在太空复活 ⋯⋯⋯⋯⋯⋯⋯⋯⋯ 244

第三节 探测器家族的"小精灵" ⋯⋯⋯⋯⋯ 250

第四节 人类渴望远行 ⋯⋯⋯⋯⋯⋯⋯⋯⋯ 255

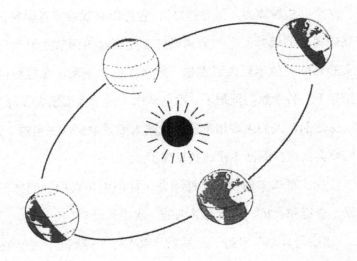

引　子

一、内太阳系探险

确切地说，利用探测器进行"太阳系大发现"的伟大航程正式开始于20世纪中叶。在那时，经过了大约半个世纪的发展，火箭技术已经完全成熟，人们依靠运载火箭将太空探测器送入太空（图 0.1），甚至将载人飞船送上月球。

火箭一开始便燃尽大多数燃料，后面的路程只得依靠滑行，所以要想探测遥远的太阳系深空，人们便想到借助行

图 0.1　20世纪中叶起，太空探测器纷纷出发，开创了太阳系探测的新时代。这是1962年"水手1号"升空

星的引力调整航天器的飞行状态，如加速、减速或者改变飞行轨道等，这个办法被称为"引力弹弓"，它可以有效地节省燃料，使航天器飞向很远的目标。它的最初设计者是当时美国航空航天局喷气推进实验室的一位年轻人迈克尔·米诺维奇。于是，在这种设计思想的指导下，科学家们策划了一次前所未有的"太阳系大探险"。

这之前，人们主要用望远镜观测太阳系中遥远的星球，而现在，他们要尝试派探测器飞往那些星球了。

首先，科学家们策划让探测器飞往内太阳系中的固体行星，即水星、金星和火星。这就是著名的"水手号计划"。

"水手号计划"发射了一系列"水手号"探测器，加上在"水手号计划"后发射的两艘"海盗号"火星探测器，人们对内太阳系的探索有了初步的进展，目睹了此前从未靠近的星球奇观。例如，根据"水手9号"和"海盗号"发回的图像，人们初次见识了火星上巨大的峡谷和火星火山，那火山是大规模的喷发遗迹，比地球上的火山宏伟得多。表明火星有过壮观的喷发史，但这种喷发活动在大约15亿年前就停止了。

图 0.2 "水手 10 号"拍摄的水星，显示水星上布满陨石坑

"水手号"也探测了火星的卫星，它们是两个岩质天体，样子像两个马铃薯，表面被陨石砸得坑坑洼洼，看上去至少已经存在了 20 亿年。

"水手号"也前往了水星和金星，其中"水手 10 号"三次飞掠水星，对水星作了更详细的考察（图 0.2），获得了认识水星的

重大突破。

二、向木星飞去

在实施探索内太阳系行星的"水手号计划"的同时，科学家们也实施了一个更加雄心勃勃的外太阳系探索计划，这就是著名的"旅行者号计划"。当时人们发现，木星、土星、天王星和海王星都即将运行到一个"借力"的理想地点，这种情况对太空船的航行极为有利，抓住这个机会，探测器就可以一路前行，像跳"跳板"一样，将所有这些行星作一次近距离飞掠，而假若错过，类似的机会就要等176年才会重来。于是，在米诺维奇等人的力主下，美国启动了"旅行者号计划"。

在实施"旅行者号计划"之前，为了对通往外行星道路上的太空环境进行初步的了解，科学家们率先发射了两艘深空探测器"先驱者10号"和"先驱者11号"。这两艘探测器先后造访了木星和土星，这是人类的探测飞船首次飞临这两颗巨行星，它们是"旅行者号"飞船的"探路先锋"。

1977年8月和9月，"旅行者号计划"的"主力探测器"——"旅行者2号"和"旅行者1号"（图0.3）先后踏上了它们的外太阳系航程。它们首先向木星飞去。"旅行者1号"比"旅行者

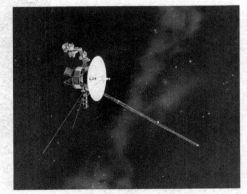

图 0.3 旅行者 1 号

2号"晚出发半个月，但几个月后，它便赶上了"旅行者2号"，所

以它首先抵达木星，并发现了木星环。4个月后，"旅行者2号"也看到了它。木星环由大量尘埃和碎石组成，不反光，所以不像土星环那样容易被发现。

图0.4 "旅行者1号"拍摄的木星大红斑。人类第一次在如此靠近的地方观察了一个地球之外的超级风暴

很快，"旅行者1号"和"旅行者2号"便让全世界睁大了惊奇的眼睛，它们向地球发回了木星大红斑的清晰图像，这是人类第一次在非常靠近的地方如此仔细地观察了一个地球之外的超级风暴（图0.4）。它们还考察了木星的磁场、大气和卫星。它们发现，木卫二似乎很年轻，只有很少的环形山，它的表面冰层覆盖，光洁平整，有些区域很像地球上冰冻的海洋。

1979年3月5日，"旅行者1号"从距木星27.5万千米的地方拍摄了木卫一，人们在这次拍摄发回的图片中非常惊讶地发现了正在喷发着熔岩的活火山（图0.5）！后来人们又在这颗卫星上找到了300多个火山口，有九座火山正在同时喷发着冲天的烟柱。

图0.5 "旅行者1号"拍摄的木卫一，上面遍布熔岩和火山口，远处显示了一座正在喷发的火山

三、再见吧，地球

完成了对木星系统的飞掠后，"旅行者1号"和"旅行者2号"开始探访土星，并分别传回土星环的近距离照片。在这之前，人们都以为土星有7道光环，然而这时人们才意识到，土星环像一张巨大无比的密纹唱片，其上的光环成千上万，不可胜记，即使卡西尼缝里也有光环。

这时"旅行者1号"开始接近土卫六，它发回了大量图片，证明土卫六是一颗拥有浓密大气的星球（图0.6）。为了更好地研究这颗神秘的天体，"旅行者1号"靠近土卫六，这使它偏离了黄道面，无法再飞向天王星和海王星了。于是，探测了土卫六后，"旅行者1号"便向太阳系的边缘飞

图0.6　"旅行者1号"拍摄的土卫六，显示它拥有浓密的大气

去，踏上了飞离太阳系的星际之旅。

此时，美国行星天文学家卡尔·萨根有了一个全新的想法，他想让"旅行者1号"调转镜头，最后回望一眼它的故乡——我们这颗生活着无数生灵的蓝色星球。

萨根是美国航空航天局的科学顾问，从一开始就参与了美国的太空计划，但他同时也是一位科普作家，对太空探险注入了更多的

人文思考。萨根觉得，"旅行者1号"能为人类提供一个观察和审视自己的独特视角，从某种意义上说，这比单纯的科学探险更有意义。

幸运的是，美国航空航天局批准了萨根的建议。1990年，"旅行者1号"越过了冥王星轨道，2月14日，正是西方的情人节，"旅行者1号"距地球60亿千米，在那个地方，它调转镜头，对地球作了最后一次回眸，并将照片发回地球。

图0.7 "旅行者1号"拍摄的地球照"暗淡蓝点"（地球显示在右边一条由太阳散射光造成的光带正中靠下一点的地方）

有史以来，人类从未在如此遥远地方回望自己的家园。在照片中，地球只是一个丝毫不起眼的暗淡光点，它的背后是深不可测的茫茫太空，它显得那样孤单和无助。这幅被人们称为"暗淡蓝点"的地球照（图0.7）引发了无数人对人类命运的深切反思。

即使在今天，"旅行者1号"和"旅行者2号"也依然在太阳系遥远的边缘不知疲倦地飞行着，其中的"旅行者1号"是人类太空飞行当之无愧的"飞行冠军"，它已经离我们如此遥远，从那里回望太阳，太阳已经变成了一颗星星，它发回地球的信号即使以光速传播也需要17个小时。

四、飞越"二王星"

就这样，在完成了土星的探测任务后，"旅行者2号"便失去了

"旅行者 1 号"的相伴，它只好孤单地前往天王星和海王星。1986
年，"旅行者 2 号"飞掠天王星（图 0.8），它观测了天王星的大气，
新发现了 12 颗天王星的卫星，还在很近的地方仔细研究了天卫五。
这个卫星并不大，又一直被认为没有什么特别之处，所以人们对天
卫五原本并没有太大兴趣，但"旅行者 2 号"需要从天王星那里获
得推力，它不得不飞得离天卫五非常近。这时它才发现，天卫五非
常有趣，上面布满峡谷和峭壁，到处是凹糟、裂痕和陨石坑，给人
以满目疮痍之感（图 0.9）。

 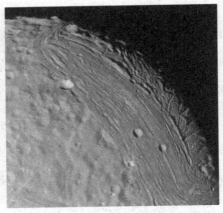

图 0.8 "旅行者 2 号"拍摄
的显示成月牙状的天王星

图 0.9 "旅行者 2 号"拍摄的天卫
五，上面布满峡谷、凹糟和陨石坑

1989 年 8 月 24 日，经过 12 年长途跋涉的"旅行者 2 号"来到
了海王星附近，它发现海王星有一块大黑斑（图 0.10），其直径与地
球相当，移动速度达每秒 300 米。大黑斑是快速运动的气旋，也是
狂躁大气的象征，表明这个星球的大气很不安定。"旅行者 2 号"还
新发现了 6 颗海王星的卫星。在这之前，人们认为海王星只有两颗
卫星，即海卫一和海卫二。

图 0.10 "旅行者 2 号"拍摄的海王星，上面有一块"大黑斑"，是快速移动的气旋

当"旅行者 2 号"靠近海卫一时，它看到的是一个耀眼的冰冻世界，白色的极冠覆盖南半球的大部分地区，那极冠由冻结的氮构成，还有一氧化碳和甲烷，这表明海卫一是一个极其寒冷的世界。

离开了海王星，"旅行者 2 号"就向太阳系的边缘飞去，它已经出色地完成了任务，成了第一艘造访天王星和海王星的太空船，同时也是唯一成功地利用 176 年一遇的行星排列机会访问了太阳系 4 颗气体巨行星的太空船。

就这样，在人类跨进太空时代的门槛时，人们用探测器对太阳系的各大行星进行了一次大规模的"浮光掠影"似的巡访。那时，科学家们最常使用的探测方法是"飞掠"，探测器多是在探测目标的附近一飞而过。人们利用"飞掠"的短暂时间对星球进行近距离的考察。这种方法效率很高，在很短的时间里就对太阳系主要的大行星及其卫星进行了一次全面的浏览，从而开启了太空时代的崭新篇章。

其实，科学家们也很想让"旅行者号"探访冥王星，但"旅行者 1 号"要访问土卫六，"旅行者 2 号"要访问天王星和海王星，它们都没有力量再绕道飞往冥王星了。

这个遗憾是到了很多年后才得到弥补的。2006 年 1 月 19 日，终于有一艘太空船启程了，它叫"新地平线号"，是一艘专门探访冥

王星的探测器。

2015 年，"新地平线号"
抵达了目的地，在它发回的
数据中，冥王星是一颗混合
着水冰和岩石的天体，拥有
活跃的地质活动和大气活动
（图 0.11），这让科学家们很
是惊讶。与此同时，冥王星的卫星也首次被人们近距离地看到。

图 0.11　"新地平线号"飞掠了冥王星，这是"新地平线号"拍摄的冥王星表面

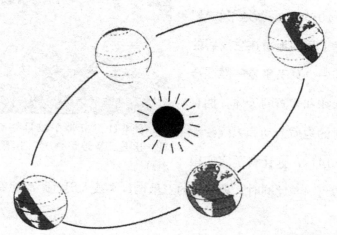

第一章
访问地球的邻居

第一节　水星印象

一、"信使号"舍近求远

如果说，"飞掠"是"浮光掠影"的"一瞥"，那么"环绕"就是"左看右看"的"端详"了，所以在接下来的探索中，探测器越来越多地使用了"环绕"的方法，它们进入天体的环绕轨道，成为环绕星球运行的"人造卫星"。

在内太阳系中，水星离太阳最近，因此它所处的太空环境就是名副其实的"热乡"，而水星面向太阳的一面也的确热得很，其温度超过400℃，但背向太阳的一面则极为寒冷，所以水星既"炎热似火"，又"冷若冰霜"。

　　水星总是掩藏在眩目的阳光中，这使得它自古便蒙上了一层神秘的色彩。据说波兰天文学家哥白尼在意大利求学时始终未能观测到水星，后来他回到故乡波兰托伦城后，也未能观测到水星，使他抱憾终身。这个说法是否真实虽然尚需考证，但也说明观测水星确实要困难一些。

　　第一艘进入水星环绕轨道的探测器是 2004 年 8 月起程的"信使号"（图 1.1），它在接近水星时走了不少"弯路"。事实上，水星离地球很近，若让"信使号""直飞"水星，只需要三个月便能抵达，但"信使号"却选

图 1.1　水星探测器"信使号"

择了一条复杂的长达 79 亿千米的线路，它花了六年半时间才进入水星的环绕轨道。

　　为什么"信使号"要舍近求远呢？原来，水星距太阳太近，"信使号"很难直接靠近水星，否则便极耗燃料且容易被太阳的引力拉出预定轨道，而如果借助其他行星的引力调整飞行状态则可以平缓地滑入水星轨道，况且"信使号"还负有探测金星的使命，所以"信使号"选择了一条复杂的航线，它绕太阳飞行 15 圈，其间一次飞经地球，两次飞越金星，在完成了对金星的科学考察后，"信使号"于 2008 ～ 2009 年三次飞越水星，其主要目的是利用水星的引力为自己减速。直到 2011 年 3 月，"信使号"才最终进入环水星轨道，成为一颗环绕水星的人造卫星。

水星太靠近太阳，所以"信使号"必须成为一艘很"耐热"的探测器，它有一面手工制作的遮阳罩，由陶瓷纤维制成，仅6毫米厚，像一面盾牌抵挡着来自太阳的炙热。"信使号"上的科学仪器就在这"盾牌"和其他散热装置的保护下开展工作，它们仿佛人类伸向水星的感觉器官，代替人类感知这个陌生的世界。

"信使号"由太阳能电池板供电。随着太阳能电池效率的不断提高，这种安全高效的供电方式正在为许多探测器所采用。

图 1.2 水星表面。这是"信使号"在水星环绕轨道上拍摄的首张水星照片

在环绕水星飞行的过程中，"信使号"用磁力计研究了水星的磁场，用伽马射线和中子分光计研究了水星的极区是否存在水冰。用广角成像仪和窄角成像仪拍摄了水星的地表（图 1.2），收集了水星的地形信息并绘制了地形图。

二、发现"蜘蛛地形"

30 多年前，"水手 10 号"造访水星时，显示水星表面有很多山脊和密密麻麻的陨石坑，但"水手 10 号"只拍摄了水星上不到二分之一的区域，这使得"信使号"得以揭秘许多人类未曾一见的地方。

透过"信使号"的镜头，科学家们看到了水星上的卡路里盆地，它的西部地区是"水手 10 号"未曾探测的地方。卡路里盆地非常大，直径约1350千米，相当于水星直径的四分之一，是太阳系中的巨型盆地（图1.3）。"信使号"发现，卡路里盆地坐落在一片颜色暗淡，表面平坦的平原中，它的颜色比周围区域要明亮许多，这表明卡路里盆地的成分可能与其他区域存在差异，而且很年轻。人们推

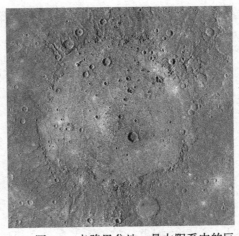

图1.3 卡路里盆地。是太阳系中的巨型盆地，由一颗大型小行星或者彗星撞击而成

测，这个盆地是由一颗直径达100千米的大型小行星或彗星撞击而成的。它是太阳系中规模最大、形成时间最晚的陨石坑之一。

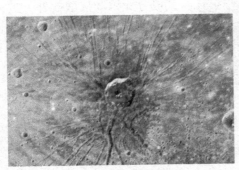

图1.4 水星上一种特殊的"蜘蛛地形"，它是水星正在老化的标志

在"信使号"的镜头下，水星的表面也布满密密麻麻的陨石坑，这一点与"水手10号"拍摄的照片非常一致，然而一种特殊的"蜘蛛地形"（图1.4）则从未见过，这令科学家们大为惊讶。

"蜘蛛地形"的主体是一处台地，大约800米高，向外辐射出上百条纹路，从空中看去宛如一只张牙舞爪的百足蜘蛛。然而"蜘蛛地形"并不神秘，那辐射条纹是水星上随处可见的山脊，当一颗星球因内核变冷而收缩时，它的地表会发生挤压，从而形成皱褶的

"山脊"。水星正在老化，所以它也正在经历收缩变冷的过程。

那台地则是火山的残留物。大约 30 亿到 40 亿年前，水星经历过剧烈的火山喷发。由于火山喷发，大量熔岩填埋了水星上较小的陨石坑，所以水星上直径小于 50 千米的陨石坑特别稀少。

三、"铁核"猜想

水星的半径为 2440 千米，比月球大，比火星小。当冥王星退出了大行星的行列后，水星就是太阳系中最小的行星了。然而探测表明，水星特别重，平均密度在各大行星中仅次于地球。

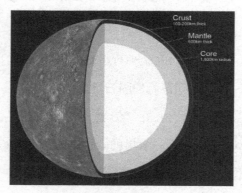

图 1.5　水星可能有一个比月球大的内核

水星为什么这么重呢？人们推测，水星有一个比月球大得多的内核（图 1.5），其成分除镍和硅酸盐外，主要是铁。假若真是这样，那么水星就应该含有两万亿亿吨铁，是一座名副其实的"太空大铁矿"。

这"太空大铁矿"是如何形成的呢？

按照通常的情形，水星在形成的时候应该也遵循着普通的模式，比如和地球一样，三分之一的质量来自中心的铁核，三分之二的质量由较轻的金属和硅组成。然而水星似乎并没有这样，它的铁核显得太大了，这一定有其他的原因。

也许水星遭遇过一颗原始行星的撞击，它表层的岩石被撞掉了许多，留下了很大的铁核；也许水星在形成的时候失去了很多岩石。

由于岩石容易散失到太空中，金属则容易聚合，所以在小型天体相互碰撞形成水星的时候，水星中的铁质成分就越聚越多，岩石成份则相对较少，最终长成了一颗高密度的行星；也许水星表层的物质是被太阳的炎热和辐射蒸发掉的。由于早期的太阳十分"暴躁"，水星又离太阳很近，它所在的区域就极其炎热，那时太阳风狂暴地吹拂水星，烈焰猛烈炙烤水星，于是水星渐渐失去了它的表面物质，它的很多地壳和地幔被太阳蒸发掉了，留下了一个看上去很大的铁核。

种种猜想都有道理，但水星究竟是如何成为一个"太空大铁矿"的，人们却还在寻找答案（图 1.6）。

图 1.6　"信使号"于 2015 年 4 月生成的图像

四、还有很多谜团

20 世纪 90 年代，水星处在一个有利于观测其北极的位置，天文学家们抓住时机对水星北极进行了观测，他们发现水星北极有发光的点，而雷达观测亦显示水星含有冻结的水冰。这表明水星上有水，它们存在于水星的两极地区。

水星离太阳很近，其上的日照和热量比地球强 5 ~ 10 倍，在相当于 88 个地球日的漫长白天里，水星上的温度可以上升到超过 400℃，在如此高的温度下，液态水是不可能存在的，然而在极区，由于阳光照不到陨石坑的底部，那里就存在永久阴影区，温度极低，

估计为零下210℃，在这样的状态下，一些来自彗星和水星内部的水冰就有可能存在。现在我们知道，月极和火星的极区都有类似的情况，事实上，"信使号"也确实在水星北极找到了水冰。水星上有水，这一点也不奇怪（图1.7）。

图1.7　水星北极。陨石坑中有永久阴影区

水星还有很多谜团，例如水星也拥有磁场，但水星的内核却被认为是固体的，而根据现有的理论，行星要拥有磁场，它的核心物质应该呈液态。有人认为，水星磁场产生于水星形成的早期，那时水星的核还是液态的，这个磁场一直保留到现在；还有人认为，水星磁场来自水星与太阳风持续不断的相互作用。更有一种观点认为，水星磁场是由我们目前尚不知道的原因造成的。

又比如人们发现水星拥有极为稀薄的大气层，由氢、氧、钠和少量的钾、氦组成。但在水星上，由于引力微弱，气体很难保留，大气的存在只能说明气体在不断产生。它们来自哪里？是如何产生的呢？

水星是一个充满了谜团的星球，人们对它的了解还十分有限，所以针对于水星的探测还有很长的路要走。人们期待更多的探测器奔向水星。

第二节　破解金星的"命运密码"

一、金星凌日

在太阳系中，处在"热乡"之中的行星并非只是水星，与水星比邻的金星也是一个炎热之地（图1.8），它是太阳系中离太阳第二近的行星，人们对这颗星的兴趣比水星更大。

金星总是出现在日出之前和日落以后。在我国，人们将黎明前的金星称为"启明"，黄昏后的金星称为"长庚"。《诗经》中说："东有启明，西有长庚。"指的都是金星。在西方文明中，灿烂的金星被奉为爱与美的女神，古希腊人称它为"阿佛洛狄忒"，古罗马人称它为"维纳斯"。

从地球上看，金星偶尔会像一滴墨点一样缓缓地穿过太阳的表面，这就是金星凌日。这种现象不会经常发生，且两次一组地到来，一组中的两次相隔8年，而两组之间则相隔100多年，所以在一个人的一生中，至多有可能看到两次金星凌日，很多人，即使他们活得很长也遇不到一次金星凌日。

图1.8　金星

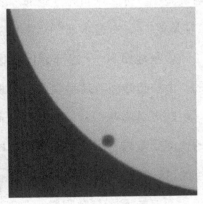

图1.9　2004年金星凌日

我们中的很多人恐怕都属于幸运的那一类，因为 2012 年的 6 月 6 日，一场金星凌日的天文大戏已按时上演，我国各地都能看到，整个过程持续了 6 个多小时，而更上一次的金星凌日则发生在 2004 年 6 月 8 日（图 1.9），这两次金星凌日相信许多人都亲历过，算是很有眼福了。

1761 年 6 月 6 日也发生了一次金星凌日，那一天，俄国科学家罗蒙诺索夫（图 1.10）将他的望远镜指向金星，他注意到金星在接近太阳时有一圈明亮的环，于是他认定，金星上有大气。

图 1.10　俄国科学家，俄罗斯自然科学奠基人罗蒙诺索夫

二、穿越金星大气

现在我们知道，金星上的确有大气，而且非常浓密。假若你要着陆金星，你必须首先穿越那片浓密的大气，那里 96% 是二氧化碳，3% 是氮，0.1% 是水蒸气。大气的顶部阳光充足，四周平静，但到了距金星地面 50 ～ 70 千米时，你便会遇上“金星云”，它们是黄色的，由浓硫酸和硫磺组成，看起来更像雾。

四周黄雾弥漫，一片迷蒙，而风却在这层云雾中以每秒 100 米的速度劲吹着。要知道在金星上吹这么强的风是很奇怪的，因为金星的自转速度非常漫，它的一天相当于地球的 243 天。

云层的下面非常阴暗，只有 2.2% 的阳光能穿过云层到达金星的表面，但那里的温度却高达 475℃，是太阳系行星和卫星中温度最高的地方。在那里，硫磺、铅、锡都会熔化，而且气压也非常高。1967 年，当"金星 4 号"的着陆器下降到距金星表面 25 千米时，信号突然停止，原来它被金星上的高气压压瘪了。

　　"金星 4 号"是苏联发射的系列金星探测器之一。1969 年 1 月 5 日，"金星 5 号"出发，这艘探测器更结实一些，它在着陆过程中发回了 53 分钟的探测数据，但在距地面 24 ～ 26 千米时又被压坏了。1 月 10 日，"金星 6 号"发射，但依然没有成功。1970 年 8 月 17 日，"金星 7 号"再赴金星，这次它软着陆到了金星表面。

　　1975 年，"金星 9 号"和"金星 10 号"出发，它们分别成功进入到金星的环绕轨道。"金星 9 号"的着陆器（图 1.11）也成功地从金星表面传回了科学数据。苏联的金星探测进入到一个新高潮。80 年代初，"金星 13 号"和"金星 14 号"（图 1.12）出发，更是开创了金星探测的新篇章，它们的着陆器都成功软着陆到了金星表面。

图 1.11　"金星 9 号"着陆器　　　图 1.12　"金星 14 号"轨道器

三、发现"盾形火山"

苏联的系列金星探测器首次探测到金星表面大气压和温度的准确数据，它使人们意识到浓云之下的金星是一个炼狱，根本不适合生命存在。接下来，金星表面的更多真相又进一步被苏联的金星探测器揭示了出来。金星神秘的面孔一点点地展现在世人面前，那明亮的天空、橙黄的云层、强劲的气流令人惊叹不已。在人类的行星探测史上，那段时间堪称金星探测的黄金时期。

苏联人在金星探测上的巨大成就刺激了美国人对金星的投入，他们奋起直追，先后发射了"水手号"和"先驱者号"系列探测器前往金星。1989年5月4日，"亚特兰蒂斯号"航天飞机将一艘名为"麦哲伦号"的金星探测器（图1.13）送上太空。"麦哲伦号"重3365千克，造价4.13亿美元。后来的事实表明，它的表现非常出色。

"麦哲伦号"最重要的成就是测绘了金星地貌。这艘探测器发现，金星上有一些巨大的圆顶地形（图1.14），它们高几千米，方圆达数百平方千米。这种地形由火山涌出物堆积而成，是玄武岩的岩浆，它们在金星上形成了宽阔的顶面和平缓的坡度。由于看上去像隆起的煎饼，又像古罗马人使用的盾牌，人们就称它们为"盾形火山"。

图1.13 "麦哲伦号"金星探测器

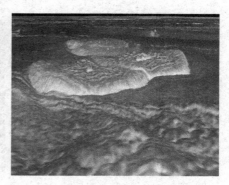

图1.14 金星上有一些巨大的圆顶地形，由火山涌出物堆积而成

除"盾形火山"外，金星上还有一些椎形和泡状的地形，其面积亦可达数百平方千米，它们也是地下热流溢出的结果。

四、捕捉金星闪电

"麦哲伦号"还揭示了金星地壳的秘密：它没有板块运动，这和我们的地球很不一样。在地球上，由于板块运动，地壳能冷却来自地下的热量，又通过火山喷发把更多热量散发到大气中。然而金星没有板块运动，这让人们对它的散热方式产生了诸多猜测，也许那些地下的热量是经由盾形火山散发出去的。

"麦哲伦号"和它以前的金星探测器使人类对金星有了前所未有的了解，然而也正是这些探测活动把越来越多的疑惑带了出来。为什么金星大气以极高的速度旋转？温室效应在金星的气候演化中起了什么作用？云雾的形成和变化是怎样的？太阳风如何影响了金星大气？火山喷发对金星环境产生了怎样的影响？金星上现在还有活火山吗？凡此种种的问题注定了人类还得派新的探测器前往金星，这就促成了"金星快车"（图 1.15）对金星的"再访"。

图 1.15 金星探测器"金星快车"

"金星快车"由欧洲空间局制造，汇集了欧洲 11 个国家的合作成果，同时还得到来自俄罗斯、日本和美国的支援。它搭载了 7 种科学仪器，造价 3 亿欧元。

2005年11月9日，"金星快车"搭乘俄罗斯的"联盟"运载火箭踏上了前往金星的旅程。次年4月11日，"金星快车"顺利进入金星极地轨道。此后，它每24小时绕金星一圈，开始对金星进行环绕考察。

"金星快车"成功进入金星轨道的当天，科学家们便收到了它发回的金星南极地区照片，它们是"金星快车"在距金星表面20.6万千米的地方拍摄的。在此后的探测中，"金星快车"又捕捉到了金星上的闪电。通常，闪电对一颗行星的意义非同寻常，它会影响这颗行星的大气化学成分，还具有在原始软泥中摧生生命的功能。在这之前，人们已经知道除了地球外，木星和土卫六上也有闪电，但金星上的闪电与它们不同，它是在"硫酸云"中发生的。

金星闪电并非"金星快车"首次捕捉到，苏联的金星探测器"金星12号"也捕捉到了金星闪电。

五、揭秘金星身世

"金星快车"还首次让人们仔细观察了金星上的神秘云团。此前的观测已经证实，金星云团的速度非常快，含有大量尘埃和硫酸，但有关云团的更多细节却知之不多。"金星快车"发现，在金星的低纬地区，云团对流的现象非常活跃，硫酸的浓度也比较高，在中纬地区，云团对流的强度就弱一些，但层数更多，密度也更大，它们看上去就像给金星扣上了一顶大帽子。

经过金星探测器一轮接一轮的探测，人类对金星的了解一点点地加深了，它的真实面貌开始慢慢地显露出来。人们发现，金星可能曾经也是一颗宜于居住的星球。像地球一样，不仅含有大量二氧化碳，还拥有大量液态水，然而后来金星上的水神秘地消失了，它变成了一颗滚烫的星球，表面温度高达 475℃，气压是地球的 100 倍，而地球则演化得风和日丽，欣欣向荣。是什么原因使地球和金星这对原本如此相似的"姊妹星"遭遇了截然不同的命运呢？

原来金星的自转速度非常慢，所以没有强大的磁场，这样一来，太阳风和太阳紫外线就直接撞击了金星大气，导致大量水分子被分解后流失到太空里。这就是金星上水的流失，这个过程开始于金星形成不久，已经持续 45 亿年了。

由于没有水，二氧化碳就全部进入到了大气层中。经过数十亿年的积累，金星上的温室气体越来越浓，它仿佛裹上了一层厚厚的棉被，温度不断升高，最后就变得炎热如火了。

由此看来，早期的金星可能拥有过水，但主要存在于大气中，那时金星还没有形成固体的表面，所以金星可能并没有形成自己的海洋。

不过，假若在金星表面凝固后，很多彗星撞击了金星，它们就会为金星补充额外的水，金星仍有可能在某个时期拥有海洋，甚至拥有生命。

45 亿年前，金星和地球同时诞生，它和地球一起像"姊妹"一样围绕在太阳的身边，然而温室效应把金星带离了"幸福"的航道，使它坠入到了炼狱之中（图 1.16）。是飞往金星的太空探测器向我们讲述了这个苍凉的故事。

图1.16 金星（左）和地球（右）原本是"姊妹星"，但后来拥有了不同的"命运"

第三节 初识火星

一、遭遇"火星脸"

金星处在地球的内侧，而地球的外侧就是火星，它甚至被以前的人们认为存在运河、植被和火星文明。

图1.17 "海盗1号"拍摄的"火星脸"（位于图片上方）

1976年7月的一天，美国航空航天局喷气推进实验室的监控屏幕上突然出现一张人脸，有鼻子有眼的，像一位埃及法老正在回望着探测器上的相机镜头。这就是著名的"火星脸"（图1.17），传回这张图片的是当时正飞过火星的探测器"海盗1号"。

"海盗1号"是20世纪70年代"海盗号"火星着陆计划中的一

艘，另一艘为"海盗2号"。这种探测器由轨道器和着陆器组成，着陆器在火星环绕轨道上和轨道器分离，然后软着陆到火星的表面。1976年，"海盗1号"和"海盗2号"的着陆器都成功软着陆到火星的表面，它们传回了火星地表的照片。火星红色的地表、裸露的岩石和灰蒙蒙的天空令人感到宛若置身于史前的荒漠中（图1.18）。

图1.18　"海盗1号"着陆器拍摄的火星表面，第一次显示了火星红色的地表和裸露的岩石

这栩栩如生的"火星脸"就是由"海盗1号"轨道器在环火星轨道上拍摄的。当科学家们从无比惊愕中冷静下来后，他们认为，"火星脸"只是一座普通的平顶山。在火星北半球的基多尼亚地区，这种山非常平常。由于照片模糊，在阴影的作用下，这座山看上去恰巧像一张埃及法老的脸。所以，科学家们在发表这幅图片时特意配了一段文字说明："这是一堆酷似人脸的巨大石头……它的阴影使我们产生了眼睛、鼻子和嘴的想象。"

然而公众并不认同这样的解释，他们喜欢的是"火星脸"的传奇色彩，所以这张脸很快便成了好莱坞电影和书籍杂志上的"明星脸"。一些人开始指责美国航空航天局和政府一起掩盖事实真相，他们认为，这张脸是火星拥有文明的"证据"。

于是，所有人都想把"火星脸"和它所在的那个地区研究个水落石出，这就有了接下来太空探测器数次重返"火星脸"的传奇探

出发吧，太空探测器

测史。

二、想起了地球上的山丘

紧接在"海盗1号"之后前往"火星脸"的是"火星全球勘探者"，但那已是20多年以后的事了。

"火星全球勘探者"于1998年和2001年分别两次前往"火星脸"。1998年4月5日是"火星全球勘探者"首次飞抵"火星脸"上空的日子。这一天，全世界的"火星脸迷"们纷纷登录美国航空航天局喷气推进实验室的网站，期待在第一时间里看到公布在网上的"火星脸"新照片。那么这一次，人们看到了什么呢？

什么都没有，以前的鼻子、眼睛和嘴都消失了，显示在人们眼前的只是一座很普通的平顶山（图1.19、图1.20）。原因是此时人类的科技已有了迅猛的发展，航天照片的清晰度得到了空前的提高，那种由照片模糊造成的"火星脸"幻像消失了。

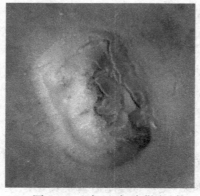

图1.19 "火星全球勘探者"拍摄的"火星脸"。以前看到的鼻子、眼睛和嘴消失了

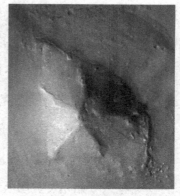

图1.20 基多尼亚地区另一座像金字塔的山丘，这种山在那里很平常

2001年4月8日，基多尼亚地区一个少云的夏日，"火星全球

勘探者"又一次飞临"火星脸"。科学家们决定再一次拍摄"火星脸",这次拍摄的清晰度可达到每个像素1.56米,而1976年"海盗1号"的那次拍摄是43米,所以假若真的有什么东西,例如飞行器、金字塔,乃至一幢很小的房子隐藏在画面中,人们也会很容易地找到。然而,依然只是一座很平常的山丘,它让科学家们想起了地球上一些孤立的小山,它们由火山岩堆积而成,和火星脸的高度大致一样。

2006年9月,欧洲空间局的"火星快车"又为"火星脸"拍下了"靓照",后来"火星勘测轨道器"也为"火星脸"拍了照(图1.21),这些照片更清晰,平顶山上"火星脸"的影子消失得无影无踪了。

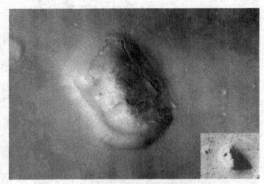

图1.21 "火星勘测轨道器"拍摄的"火星脸"(右下方的图片是"海盗1号"所拍)

科学家们解释说,形成"火星脸"的这块岩石与人脸的确有些相象,它的阴影在清晰度不高的照片中真的很像眼睛、鼻子和嘴,加之人们在视物的过程中常常产生"幻想性错觉",例如我们在观察云彩、远山,乃至于墙面上的污痕时就时常从中发现我们熟悉的影像,所以"火星脸"其实就是这诸种因素导致的结果。

三、爬上"火星脸"看一看

对于行星科学家来说,对基多尼亚平顶山的考察才是他们更感兴趣的事情。"火星脸"位于北纬40.7度,处于火星上一个神秘的

地区，恰巧夹在多坑的高地丘陵和光滑的低地平原中间。一些科学家认为，火星上的北部平原是古代火星海洋的遗迹。假若真是那样，那么基多尼亚就很可能曾经是古代火星的滨海地区，而这些平顶山则是古代火星海边常见的风景，是自然风化侵蚀的结果。

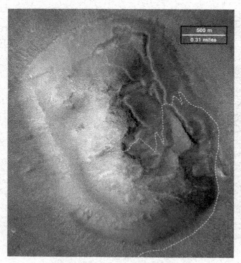

图 1.22　科学家们设计的攀登"火星脸"的线路

人们设想，假若有一天，人类登上了火星，他们也许会爬上"火星脸"看一看，这是真正的"蹬鼻子上脸"，不过做起来却并不难，只要带上一些必要的装备就可以从山脚慢慢往上走。在到达山腰之前，攀登比较容易，但此后的路就变得陡峭了，你必须沿一条曲折迂回的线路向上走，大约要走5.5 千米的路程才能抵达"火星脸"的最高处（图 1.22）。

站在山顶，远眺基多尼亚，你将看到古代火星的滨海风光，但那所谓的"海洋"也只是一片荒芜的遗迹，你的眼前只有广袤的不毛之地和点缀在这片土地上的许多孤立的山丘和陨石坑。这时的你，一定会想家的。

是的，火星并没有"火星文明"，也没有所谓"随季节变化"的植被和"火星人"。事实上，正是太空探测器打破了人们的"火星梦"，原来火星上只有死火山、陨石坑、沙漠和无尽的荒凉，那里的气候比地球的南极还要寒冷，比撒哈拉沙漠更加干燥，大气的密度不足地球的百分之一。

四、火星大冲

不过火星探测器也找到了一些令人兴奋的东西：干涸的河床，它暗示火星上可能曾经流动过大量的液态水，这重新燃起了人们对火星的热情。此后，有关水的探索就一直延续到现在。

1997 年和 2001 年，科学家们先后发射了"火星全球勘探者"和"奥德赛"火星探测器，这两艘探测器分别找到了像被流水冲刷成的河谷（图 1.23）和火星极冠之下存在大量冰冻水的迹象。它们的发现引发了下一波探索火星的热潮。

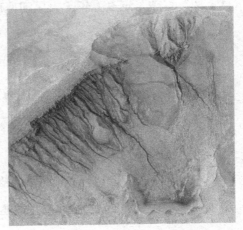

图 1.23　一个盆地斜坡上很像由流水冲刷出的地形，类似地球上干涸的河床。由"火星全球勘探者"拍摄

火星和地球相邻，它们很像跑道上赛跑的两名运动员。地球位于靠近太阳的内跑道上，它比火星跑得快，所以可以周期性的赶上并超过火星。当地球位于追上火星的位置时，这两颗行星就与太阳形成了一条直线，这种情形被称为"冲日"。火星的公转周期大约是 687 天，而地球的公转周期大约是 365 天，因此，大约每隔两年就会发生一次"火星冲日"。

2003 年夏天，火星的亮度比平时增强了 50 倍，它成了当时夜空中名副其实的"明星"。假若那时我们能够跃升到太阳系各大行星绕太阳公转的轨道平面上方，我们就能清楚地明白这其中的缘由了，

原来那时正在发生"火星冲日"。但那年的冲日有些异样，因为地球和火星之间的距离比一般的"火星冲日"更短，这就是"火星大冲"。"火星大冲"是不容易发生的，大约每隔15或17年才发生一次，而2003年的那次"大冲"又尤为特别，由于其他行星对火星的引力作用，火星的椭圆轨道比几千年前更扁长了一点，因而那年的"火星大冲"打破了近5万年来火星和地球之间最短距离的纪录，它和地球之间的距离只有5576万千米。

对于天文学家来说，"火星冲日"是观测火星的大好时机，也是发射探测器前往火星的"窗口"，因为这时前往火星的行程最短，最节省燃料，何况"大冲"就更加难得了，所以2003年前后，人类迎来了一个探测火星的高潮。那一年的6月，美国研制的两辆火星漫游车"勇气号"和"机遇号"先后出发，并于次年1月分别成功着陆在火星上的古谢夫陨石坑和梅里迪亚尼平原上，而与此同时，日本于1998年发射的火星探测器"希望号"也于此时接近了火星轨道，不过"希望号"因电力系统发生故障未能成功入轨。2003年6月3日，欧洲空间局研制的"火星快车"（图1.24）在哈萨克斯坦境内的拜科努尔发射场发射升空。6个月后，"火星快车"成功进入火星轨道。

图1.24　火星探测器"火星快车"

五、去北极找水吧

但"火星快车"也并不是很顺利，因为它还携带了一艘着陆器"比格尔2号"，而这艘着陆器在离开"火星快车"后便失去了消息。好在在轨道上运行的"火星快车"并没有辜负人们的期望。2004年1月19日，它发回的一个名为"水手谷"的火星大峡谷的照片，是"火星快车"在距火星地表275千米的地方拍摄的。

"水手谷"长1700千米、宽65千米，是1972年由"水手9号"首次发现的，它是火星上一道巨大的地质断裂带（图1.25）。这次"火星快车"只拍摄了"水手谷"的部分地形，照片清楚地显示了"水手谷"存在被侵蚀的痕迹，表明那里曾有数百万立方米的岩石和土壤被流水冲走，所以现在的"水手谷"凹凸不平，人们可以看到其中的丘陵、峡谷和平缓的山丘。

图1.25　"水手谷"是火星上一道巨大的地质断裂带

找水是"火星快车"的主要目标，所以它在"水手谷"的发现令科学家们非常振奋，而仅仅几天以后，"火星快车"便又捕捉到火星南极的水冰，这也是人类火星寻水的一次重大突破。此前，"火星全球勘探者"不仅拍摄到一些像是流水冲刷而成的峡谷，还用一台

名为"火星轨道器激光测高计"的仪器记录了火星极冠的冰冻物质在冬天增长聚集，夏天蒸发消融的过程。这项探测显示，不论是南极还是北极，火星极冠所储存的冰冻物质都非常丰富。

图1.26 火星北极极冠，由水冰和干冰（固态的二氧化碳）组成，是大量冰冻水的储藏地

后来的"奥德赛号"火星探测器的探测数据也进一步支持了上述结论。科学家们分析了这些数据后认定，火星北极地区可能蕴含着大量冰冻水，其储量比南极多出约三分之一（图1.26）。他们推测，极冠之下的水冰极为丰富，它们可能位于地表之下很浅的土壤层里，如果将它们全部融化，这些水将使火星变成"水星"，于是科学家们产生了一个大胆的找水计划。他们想，假若派一个着陆器去火星的北极地区，让它在那里挖一挖，也许就能找到水了。

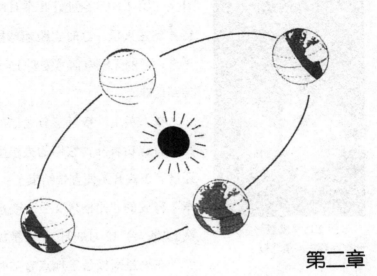

第二章

到火星上去

第一节　成为"火星专家"

一、"凤凰号"一马当先

这个被派往北极去挖土找水的着陆器就是"凤凰号"。

"凤凰号"脱胎于以前一个夭折的火星探测器项目，其中的许多组件被再利用，许多技术被直接转移到"凤凰号"上。科学家们用神话中浴火重生的凤凰为其命名表达了人类在探求真理的道路上不畏失败的不屈精神。"凤凰号"装配了机械手、机械手相机、显微镜电化学与电导率分析器、表面立体成像仪、热量和释出气体分析仪、火星下降成像仪和气象站等多种科学探测工具。

"凤凰号"于 2007 年 8 月从美国佛罗里达州卡纳维拉尔角发射

图 2.1 "凤凰号"发射升空，奔往火星北极

升空（图 2.1），经过好几个月的长途飞行才到达火星。这时它距地球接近三亿千米，它的无线电信号需要 15 分钟才能传到地球。

在火星上，接近三分之二的着陆器都没有成功着陆，它们的火星生涯因此还没有正式开始便宣告结束了。"火星快车"释放的"比格尔 2 号"就是其中一例。1999 年 12 月 3 日，"火星极地着陆者"在火星南极预定地点着陆时也与地面失去了联系。着陆火星，对于所有地球的来访者来说都是一个惊心动魄的时刻，没有谁敢在这个时候掉以轻心。

然而"凤凰号"成功了（图 2.2）。在距离火星表面 125 千米时，"凤凰号"一头扎进火星稀薄的大气层，大气的摩擦力使它的速度由每秒 5.6 千米降到 333 米；在离火星表面 13 千米时，"凤凰号"打开降落伞把速度进一步降低到每秒 60 米；

图 2.2 "凤凰号"成功着陆火星

在离火星表面 1000 米时，"凤凰号"与降落伞分离，随后它的脉冲式减速推进器点火工作；在离地表 12 米时，"凤凰号"的速度降至每秒 2.4 米；在"凤凰号"的三条腿接触地面的那一刻，它的速度

降至零。在这段时间里，地面人员一分一秒地等待着，时间是如此漫长，仿佛光速也无法逾越地球和火星之间的距离，直到"凤凰号"告诉他们成功着陆的消息。

二、火星北极的夏天

"凤凰号"着陆到火星北极一个叫"瓦斯蒂塔斯·伯莱里斯"的浅谷平原上。此时的"凤凰号"并不孤单，三艘绕火星运行的探测器——"火星勘测轨道器"、"奥德赛"和"火星快车"早已准备着迎接它了，它们引导"凤凰号"在火星上降落，还帮助"凤凰号"向地球传递信息。

"凤凰号"站立在火星北极的冻土层上，它缓缓展开太阳能电池板，升起气象天线杆，给周围的景物拍照并将第一批照片传回地球（图 2.3）。

图 2.3　"凤凰号"着陆后拍摄的火星表面

在火星北极的夏天里，"凤凰号"像一个兢兢业业火星地质学家，它用机械手伸入地下收集冰和土壤样本，用携带的科学仪器分析样本中的物质组成。

2008 年 6 月，"凤凰号"探测到了火星表面的白色物质（图 2.4）。7 月 30 日，"凤凰号"的机械手把一份土壤样本递送到"热量和释出气体分析仪"中，然后加热这些样本，分析仪就此鉴别出其中有

Sol 20　　Sol 24

图 2.4　"凤凰号"拍摄的土壤中水冰蒸发过程。图片上方方框中的影像是图片下方凹坑左下角的放大影像，那些白色物质消失了

水蒸气产生。这项实验实证了科学家们的猜想：火星极区地表之下很浅的土壤层里含有丰富的冰冻水。

"凤凰号"是非常成功的火星着陆器，但"凤凰号"是不能移动的，只能落在哪里就在哪里工作，所以它的探测范围受到很大的限制。假若有一种着陆器能够落下后到处跑，那岂不是更加理想吗？是的，这样的着陆器又叫"漫游器"或者"漫游车"。在火星上，这种"漫游车"成功地充当了"火星田野地质学家"的角色，它们的故事更精彩。

现在，让我们走进"火星漫游车"的世界中去吧。

三、跑吧，索杰纳

早期的火星漫游车相对简单和小巧。1997 年 7 月 4 日，"火星探路者"飞船在火星荒凉的阿瑞斯平原上释放了一个名为"索杰纳"的漫游器（图 2.5），这就是人类派到火星上的第一辆漫游车，它的大小

图 2.5　火星漫游车"索杰纳"

有如一台微波炉，重约 10 千克，有 6 个轮子，由太阳能电池板提供能量，前后都有照相机，亦可对附近目标拍摄特写镜头。

从"索杰纳"拍摄的一幅 360 度全景照片上，科学家们发现火星的地表很像地球上的荒漠，远处有依稀可见山峰和丘陵，近处的岩石碎块看得很清楚（图 2.6）。

图 2.6　"索杰纳"拍摄的阿瑞斯平原

"索杰纳"携带有一台阿尔法质子 X 射线光谱仪，其中含有放射性元素，可用阿尔法粒子和质子轰击目标，从而得知目标的化学元素组成。分析表明，这里的岩石与地球上的岩石非常相似。仔细观察，人们还发现那些岩石碎块大多向着相同的方向倾斜，这表明它们曾普遍地受到过一种外力的推动，那产生外力的东西是什么呢？回答是：水！"索杰纳"正好站在一块曾被洪水冲刷过的区域上，那里曾经是一片汪洋！科学家们猜测，远古的阿瑞斯平原发生过很大的洪水。估计洪水的宽度达数百千米，水流量为每秒 100 万立方米。

"索杰纳"在火星上工作了三个月，发回了一万多张火星照片和大量科学数据，它是第一个能在火星上"奔跑"的机器人，成功完成了火星漫游的开创性使命，给人们留下了深刻的印象。但"索杰纳"是一个很小的漫游机器人，它在火星上并不能"跑"得太远，活动范围十分有限，而它的成功又促使科学家们萌生了派更先进的漫游机器人前往火星的愿望，这直接导致了第二代火星漫游机器人的诞生，它就是"勇气号"和"机遇号"。

第二节 "勇气"和"机遇"的火星生活

一、"双胞胎"领命出征

"勇气号"和"机遇号"是一对"双胞胎"，它们的官方名称是"火星探测漫游者"（图2.7）。

"勇气号"和"机遇号"都是普通汽车大小（图2.8），有一个桅杆式的立柱，上面装有彩色全景照相机，其高度与人眼的高度差不多。有了这种照相机，火星车就能像站在火星表面上的人一样环视四周了。火星车确实具有某些"人"的形态，它的"脚"是6个可灵活运作的轮子，"手"是一个具有与人肩、肘和腕关节类似的结构，那上面带有多种工具，如显微镜成像仪、穆斯鲍尔分光计、阿尔法粒子X射线分光计和一个作用相当于地质学家们常用的小锤子似的工具，用于在岩石上打孔取样。这样，一旦发现了值得探测的目标，火星车便能"趋步上前"用它的仪器对其进行研究，或用显微镜观察，或伸出"手臂"取样作一番分析。

 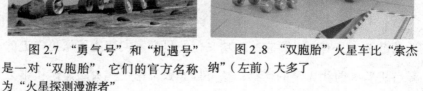

图2.7 "勇气号"和"机遇号"是一对"双胞胎"，它们的官方名称为"火星探测漫游者"

图2.8 "双胞胎"火星车比"索杰纳"（左前）大多了

2002年11月，"双胞胎"火星漫游车还有几个月就要出发了，但那时它们并没有获得"勇气"和"机遇"这样的名字，为此，美国航空航天局发起了一个大规模的火星漫游车命名竞赛活动，向全美 5～18 岁的青少年征集火星车的名字。结果科学家们得到了近一万个名字，而最终的获胜者是一位来自美国亚利桑那州的小女孩索菲·柯林斯（图 2.9）。这个九岁的小女孩建议给这两辆火星车分别命名为"勇气"和"机遇"。

图 2.9 给"勇气号""机遇号"取名的小女孩与新火星车模型在一起

小柯林斯是个孤儿，出生于俄罗斯的北西伯利亚，很小就被送进孤儿院，两岁时被人领养移居美国。她在应征的诗中述说她曾在黑暗寒冷的孤儿院里仰望星空，梦想着飞到那些星辰上去的情景。她觉得这两辆火星车就要帮她实现梦想了，这让她非常高兴，所以在诗的最后，小柯林斯写道："谢谢你，'勇气'和'机遇'。"

就这样，"双胞胎"火星漫游车各自得到了一个名字，它们可以出发了。

二、古谢夫陨石坑

"勇气号"和"机遇号"的目的很明确，那就是寻找火星有水的确凿证据。2004 年 1 月 3 日，经过为期 7 个月的旅行后，"勇气号"率先来到了火星。和此前的火星着陆器一样，着陆火星是一个很煎熬的过程，然而"勇气号"成功了，它降落在了火星南半球的古谢夫陨石坑（图 2.10）里。科学家们认为这个地区原先是一个湖，并

有河流注入其中，所以"勇气号"专程来这里寻找曾经有水的证据。这个工作看起来并不那么难，只要找到一块石头，证明它是水成岩就行了。水成岩又叫沉积岩，是经过水流的搬运和沉积作用而形成的。假若在这里找到了水成岩，那就表明古谢夫陨石坑在过去的确是被水流浸泡过的地方。

"勇气号"降落的地方地势平坦，没有什么大石头，表面尘土也多被风吹走，利于漫游（图 2.11）。经过一番寻觅，"勇气号"停在了一块长约 35 厘米、宽 20 厘米的火星岩石前，这块岩石被科学家们命名为"阿迪伦达克"（图 2.12）。"勇气号"伸出它的探测臂对"阿迪伦达克"进行钻探取样，然后用显微镜和分光计进行分析，结果发现"阿迪伦达克"并不是水成岩，而是一块火山岩，周围的岩石也是火山岩。

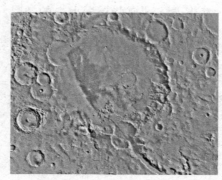

图 2.10　古谢夫陨石坑。由"海盗 1号"轨道器拍摄

图 2.11　"勇气号"着陆的地方地势平坦

水的信息没有出现，这让科学家们有些失望。他们认为这里要么一直就是干燥的，要么水的信息隐藏在地表之下，于是指令"勇气号"向新的地点进发，目标是 3000 米开外的哥伦比亚山（图 2.13）。

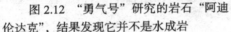

图 2.12 "勇气号"研究的岩石"阿迪伦达克",结果发现它并不是水成岩　　图 2.13 哥伦比亚山

对于"勇气号"来说,前往哥伦比亚山的旅程非常长。要知道"勇气号"的寿命只有 90 个火星日(相当于地球上的 92 天),而分析完"阿迪伦达克"后,为了在另一个小陨石坑里找到可能露出地面的水成岩,它又去那里耗费了一些时间。现在,"勇气号"只有一个选择,那就是加大马力赶在冬季来临前登上哥伦比亚山。如果不在超出设计寿命之外的情况下干出点成绩来,"勇气号"将一无所获。

三、征服了一座山巅

穿过一片乱石密布的荒野,"勇气号"来到了哥伦比亚山脚下,开始向哥伦比亚山主峰麦库尔山进发。

"勇气号"一面奋力攀登,一面不忘抬头看看星空,它看到火星的两个"月亮"火卫一和火卫二在火星的夜空中静静地移动,它还看到夜空中有明亮的光点划过,那是人类发往火星的探测器,它们中的一些依然在火星的轨道上运行。此外,"勇气号"还拍到了猎户座中的多个星体,这些景象给了科学家们非常新奇的感受。不过"勇气号"不能留连于观星,它有更重要的工作,那就是登上山顶,鸟瞰火星的远景。

图 2.14　赫斯本德山

2005 年 9 月，"勇气号"登上了一座名为"赫斯本德山"（图 2.14）的山顶。"赫斯本德山"是哥伦比亚山的一座山丘，高约 90 米。站在山顶上，"勇气号""举目远望"，鸟瞰四周，这是人类用他们的机器人第一次在地球之外的另一颗行星上征服了一座山巅。"勇气号"还没有找到火星有水的证据，但它已经成了一名勇敢的登山者。

这时，太阳越来越低了，火星的冬季就要来临。"勇气号"的太阳能电池板产生的能量越来越少，电量不足，一个轮子也受损了，但它还是沿着一个之字形的线路向哥伦比亚山主峰麦库尔山继续进发。

四、幸运的火星车

就在"勇气号"着陆火星的 21 天后，即 1 月 25 日，它的"孪生兄弟""机遇号"也成功降落到了火星上。"机遇号"的着陆点是梅里迪亚尼平原（图 2.15），与"勇气号"的着陆地点相隔 9600 千米。

图 2.15　"机遇号"离开着陆器后拍摄的空下来的着陆器，背景是梅里迪亚尼平原

科学家们原本对"勇气号"着陆的古谢夫陨石坑抱有更大的期

待，因为那里有明显的湖泊和河床的地形，想必更容易找到有水的证据，然而"机遇号"的运气更好，它几乎一"睁开眼"便找到了它要找的东西，那是一片裸露的岩石，具有明显的重叠特征，就像地球上的沉积岩一样，这往往是有水的迹象，表明这个地方曾经很潮湿。

用显微镜成像仪作了进一步的观察后，人们注意到，这些石块的表面有很多蜂窝状的小孔，它们是矿物盐晶体造成的，这种晶体在浸泡于水中的岩石里成长，腐蚀和溶解后便在岩石上留下了小孔。这表明梅里迪亚尼平原是一个被水浸蚀过的地方。人们据此认为，"机遇号"着陆的地方可能恰恰是火星上一块咸海的海岸线，这里曾浸泡在一片咸水之下。

在过去的几十年中，科学家们都坚信火星上存在过水，现在，"机遇号"证实了火星上的一些岩石就是在液态水的环境下形成的，这意味着火星在较久远的时期的确有过大量液态水。"机遇号"首次从火星岩石的角度提供了火星表面存在过液态水的确凿证据。

到这时，"机遇号"实际上已经圆满完成了预定任务，它成功找到了梅里迪亚尼平原上有水的证据，这正是科学家们要它做的。"机遇号"名副其实，它真是一辆幸运的火星车。

此时"机遇号"的状态还非常好，它注定要做更多的事。在离着陆点5000米处有一个直径740米的陨石坑，名为维多利亚陨石坑（图2.16），它的边缘很陡峭，由参差的岩石构成，有些岩石高出坑底大约70米，坑底则是凹陷的沙地。"机遇号"决定到那里去。这段旅程很漫长，"机遇号"在前往的途中对另外两个陨石坑——鹰状陨石坑和耐力陨石坑（图2.17）进行了考察。有一次它的轮子陷进沙里，

科学家们费了很大的力气才用急速倒车的方法把它解救了出来。

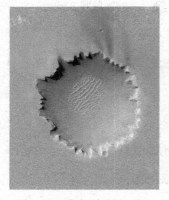

图 2.16 维多利亚陨石坑

图 2.17 耐力陨石坑边坡上的悬崖

五、"勇气号"也有了新发现

"机遇号"来到了维多利亚陨石坑的边缘，它很快就发现了目标，那是陨石坑边的一段悬崖，距自己所在的位置并不远。这处悬崖岩层清晰，有明显的沉积地质结构和独特的能反映其地质学特征的岩石纹理。为了解读岩石上丰富的地质学信息，"机遇号"冒险靠近陨石坑的边缘，拍下了岩石的高清晰度照片（图 2.18）。

图 2.18 维多利亚陨石坑边缘的岩石层

在此后为期两年的勘测中，"机遇号"沿着维多利亚陨石坑的锯齿形边缘进行了探索，并一度进入坑里。它发现这里有一些富含硫酸盐矿物质的砂岩，它们是水风化了岩石中的矿物质后形成的。科学家们分析了"机遇号"的这些发现，他们认为这个陨石坑在远古时期也存在过水。

"机遇号"在火星上很顺利，但"勇气号"却又遇到了麻烦，它的太阳能电池板被厚厚的尘土所覆盖，它获得的电量也越来越弱了。

离开赫斯本德山，"勇气号"去了位于1.6千米之外的"本垒板"，研究了这个可能是火山沉积物造成的类似高地的地形。

此时，它的前轮已经失灵了，只能拖着这只轮子艰难地前行。有一天，科学家们从那只故障轮拖出的浅沟中发现了一些白色的东西。仔细研究后，他们断定那是富含硅石的火星土壤（图2.19）。硅石可由火山活动产生的酸性水蒸气和土壤发生混合后形成，也可由温

图2.19 拖痕中的白色物质是富含硅石的火星土壤

泉环境造成。硅石的存在表明古谢夫陨石坑在历史上也有过水。在地球上，一些顽强的微生物就生存在这样的环境里。"勇气号"竟然用损坏的前轮意外地获得了重大的科学发现！

此时，"机遇号"在维多利亚陨石坑已盘亘了两年，它爬出陨石

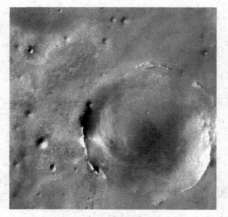

图 2.20 奋进陨石坑

坑，又开始了一个更加大胆的计划：向奋进陨石坑（图 2.20）进发。奋进陨石坑比维多利亚陨石坑大 20 多倍，位于维多利亚陨石坑东南 12 千米的地方。假若"机遇号"能进入这个陨石坑，它便可以看到更深的岩石层。

第三节　有了新火星车

一、需要后继者

2009 年 1 月，"勇气号"和"机遇号"分别度过了它们在火星上的五周年庆祝日。此时，它们的行程已超过 21 千米，向地球传回了 25 万张火星图片。它们爬山下坑，跨沟越野（图 2.21），历经严寒和多次

图 2.21　"勇气号"留在火星上的车轮印

尘暴的袭击，克服了重重困难，不仅成功找到了火星存在过水的确凿证据，还为科学家们提供了研究火星地质史的大量资料。

然而由于轮子故障和电力不足，"勇气号"已经放弃了登顶哥伦比亚山主峰麦库尔山的计划，它接下来的目标是一个叫"冯·布劳

046

恩"的土丘和一个名为"戈达德"的陨石坑。科学家们认为那个土丘或许保存了一些残余物可以确定"本垒板"是否由大量的火山材料堆积而成,而戈达德陨石坑则可能是一个火山口。

"勇气号"和"机遇号"的设计寿命只有三个月,但它们一次次地打破了人类为它们设定的生命界限,将自己的"寿命"一次次地延长,成了名副其实的"老寿星"。由于它们的工作,火星的地表得到前所未有的仔细研究。这对勇敢的机器人是真正的火星田野地质学家。

不过它们确实太老了,太阳能电池板已布满灰尘,轮子出现故障,"视线"也模糊不清了。即使在这种情况下,"机遇号"也终于到达了奋进陨石坑,它在那里工作,一直抵达了陨石坑边缘的"马拉松谷"(图2.22)。这个地名来自于"机遇号"的创记录行程,因为到达这里时,它已在火星上奔跑了42千米,而马拉松的赛程也大约就是这个长度。

图 2.22 位于奋进陨石坑边缘的"马拉松谷"

到达"马拉松谷"后,正值冬季来临,"机遇号"打算在"马拉松谷"过冬,它确实太疲惫了,但依然期待新的发现。

然而"勇气号"却没有那么幸运,它于2009年5月陷入沙中,最终未能成功解困。

图 2.23 "好奇号"火星车

在这种情况下，人们很需要新的漫游车接替它们的工作，而事实上，这个接替者也的确"出世"了，它的官方名字叫"火星科学实验室"，也就是后来人们熟知的"好奇号"（图 2.23）。它是新一代火星漫游器，除了动力更强劲，跑得更快更远外，它的"知识"还更加渊博，本领也更加高强，因为"好奇号"不仅像一个地质学家，还很像一个化学家，它要在火星上寻找碳的同位素以确定火星上是否存在生命。

"好奇号"也拥有六个轮子，但它在很多方面与它的"前辈"大不一样，它的重量是"勇气号"和"机遇号"的三倍，长度是它们的两倍，能攀爬 60 度的斜坡，设计的活动范围达到 20 千米，比"勇气号"和"机遇号"延伸了一倍有余。

二、终于准备好了

科学家们认为，"好奇号"应该有强劲的动力，并且不能像"勇气号"和"机遇号"那样因使用太阳能而使探索活动受到限制，因此，这辆汽车大小的漫游机器人装备了放射性同位素热电式发电机，这种发电机对火星车极具魅力，因为火星上时常沙尘弥漫，太阳能电池的效能因此大受影响，活动范围也大受限制，而使用核动力就不会有这些烦恼。

　　然而核动力存在风险，环保专家和普通民众对核燃料心怀恐惧，这种恐惧几乎使"好奇号"面临夭折。2006年，美国航空航天局公布了发射新火星车可能对地球环境造成危害的风险报告，他们再三强调技术的可靠性，在一定程度上缓解了公众的担忧。但"好奇号"的麻烦并没有就此结束，接踵而来的超支问题又令人们头痛不已。这辆火星车最初批准的成本是15亿美元，然而却一直超支，这直接影响了它于2009年10月按时发射，最后被延迟到了2011年才得以成行。

　　"好奇号"是一辆个头庞大的火星车（图2.24），如何安全降落在火星上是人们最为关心的问题。1996年发射的"索杰纳"和2003年发射的"勇气号"、"机遇号"都采用气囊着落，但这种方式对沉重的"好奇号"不合适。2007年发射的"凤凰号"火星着陆器通过减速推进器的制动作用实现软着陆，不过这种方法也出现过失误。1999年12月3日，"火星极地着陆者"采用这种方法在火星南极着陆时就与地面失去了联系。

图2.24 三代火星车大小比较。从大到小依次"好奇号"、"勇气号"或"机遇号"、"索杰纳"

　　事实上，自2002年起，科学家们就在研究一种全新的着陆装置了，他们称之为"太空起重机"，人们企图使用这种装置把"好奇号""放"到火星上去。

　　"太空起重机"是一个装有制动火箭发动机的悬吊系统（图2.25）。在"好奇号"进入火星大气层的时候，"好奇号"将首先利用降落伞进行减速，并抛弃外部保护壳。当"好奇号"距火星表面只有1000米时，"太空起重机"启动它的制动火箭发动机，降落伞随之抛弃，"太空起重机"放出一条绳索把"好奇号"悬吊在下方，然后慢慢下降，最后把"好奇号"轻轻地放到火星的地面上。当火星车的车轮接触地面时，"太空起重机"要让绳索与"好奇号"脱离，并自动飞到距火星车着陆点500～1000米的地方陨落。

图2.25　"太空起重机"是一个装有制动火箭发动机的悬吊系统

　　"太空起重机"的构想受到一种双发单桨起重直升机S-64的启示，这种飞机由美国西科斯基公司制造，其昵称就叫"空中吊车"。这种起重飞机的力气极大，可轻易吊起坦克这样的重物。科学家们将这种起重方式应用到"好奇号"的火星任务中也可算作是一种饱

含创意的借鉴吧。

三、何处着陆

接下来的问题就是为"好奇号"选择一个理想的着陆点，为此，美国航空航天局成立了一个由一百多位专家组成的委员会。委员会的任务就是为"好奇号"在火星上寻找一个"家"。

如此谨慎地选择着陆点在过去的太空任务中并不多见。要知道，最早的时候，为火星着陆器选择着陆点时其理想程度如何几乎完全靠碰运气。到了"勇气号"和"机遇号"时，科学家们在185个候选地点中选择了两个着陆点，最后"勇气号"着陆在了古谢夫陨石坑，"机遇号"着陆在了梅里迪亚尼平原。

"勇气号"和"机遇号"的主要任务是寻找火星上存在过水的证据，而"好奇号"的任务则注重探寻火星环境在支撑生命存在方面处于怎样的状况，它的侧重点是火星环境的"可栖息性"。科学家们在挑选着陆点时一方面要考虑"可栖息性"，另一方面还要考虑安全性和可操作性，因此，这个过程是漫长和复杂的。他们前后三次聚集在一起议论这辆等待出发的新一代火星车应该降落在火星上的什么地方。在经过了十几轮投票后，候选的着陆点越来越少。2008年8月，150名科学家再次聚集一

图 2.26　盖尔陨石坑

图 2.27　霍尔登陨石坑

图 2.28　埃伯尔斯维德陨石坑。方框
内为古三角洲，意味着曾经有水和沉积物

堂投票表决。这次表决后，候选的着陆点只剩下三个了，它们分别是盖尔陨石坑（图 2.26）、霍尔登陨石坑（图 2.27）和埃伯尔斯维德陨石坑（图 2.28），它们都位于火星赤道以南。

盖尔陨石坑直径达 160 千米，大约形成于 3.5 ～ 3.8 亿年前，它的中央有一个由层状沉积物组成的小丘，那里有学名为"页硅酸盐"的黏土，它们在水中长期慢慢沉积，形成水成岩，适合微生物生长。霍尔登陨石坑坐落于一个高地上，直径 140 千米，看上去像有许多湖泊沉淀物和远古巨角砾岩，表明那里可能曾经有过水。科学家们认为，水进入这个撞击而成的盆地后形成了一个湖泊，那里的环境很可能曾经适合生命体的存在。埃伯尔斯维德陨石坑位于火星赤道以南一块古老的，遍布撞击坑的地方，直径 63.3 千米，里面有一个明显是由河流冲击而成的三角洲。三角洲意味着有水和沉积物。对于探测有机物而言，这个陨石坑无疑也是得天独厚的。

最后，科学家们选择了盖尔陨石坑。

第四节　这里是"盖尔陨石坑"

一、蓄势待发

一旦确定了着陆地点，"好奇号"将比以前的火星着陆器更有把握降落在它要去的地方，这是因为"好奇号"装备了精确着陆引导装置，它是第一个采用这种技术的行星探测器。首先，"好奇号"要飞到火星表面上空预定的位置，然后使用降落伞进行最后的着陆。在这个过程中，精确着陆引导装置将引导"好奇号"穿越火星大气进入一个半径为 10 千米的椭圆形着陆场。和以往的着陆器相比，这样的着陆范围就精确多了。

"好奇号"到达火星后将会变成一个不知疲倦的旅行家，它的轮子安装在细长的腿上，周到的设计使它不畏横亘于路上的岩石（图 2.29），它的强劲动力使它善于攀爬沿途的高坡。到

图 2.29　"好奇号"的轮子擅长攀援横亘于路上的岩石

达目的地后，"好奇号"又将变成了一个地质学家，抑或更像一个化学家（图 2.30）。它的一个车载实验室负责收集和分析火星样品，并在火星上寻找碳的同位素。另一个车载实验室负责分析矿物成分，寻找火星上形成这些矿物的环境和条件。

"好奇号"搭载有 10 来种仪器，有来自俄罗斯的用于寻找水的中子探测仪，来自西班牙的气象组件，来自德国和加拿大合作提供的分光计。"好奇号"还将为科学家们提供前所未有的精彩火星照片，

这得益它先进的摄像系统，它的主照相机是一部 10 倍光学变焦多谱立体相机，还有一部火星手持透镜成像仪（图 2.31），这部仪器将为科学家们提供火星地表极佳的特写镜头。

图 2.30 "好奇号"搭载了多种仪器和探测工具，既像一个地质学家，又像一个化学家

图 2.31 火星手持透镜成像仪

"好奇号"是新千年人类火星探测计划第一个 10 年的最后一个火星探索者，也是下一个 10 年的"开篇之作"。

它已准备就绪，蓄势待发。

二、我站在火星上啦

只是像"勇气号"和"机遇号"一样，"好奇号"在出发前的很长一段时间里也并没有一个大众评选出的名字。科学家们给它取的官方名字叫"火星科学实验室"，而按照惯例，出发前它也应该像"勇气号"和"机遇号"一样获得一个通俗的名字。于是，一项面向全美 5 ～ 18 岁学生的为新火星车命名的比赛又开始了。这次命名比赛吸引了全美 50 个州约 9000 名学生参加，而最终的获胜者是一位六年级的华裔女孩，她叫马天琪，父母都毕业于清华大学。马天琪从小很"好奇"，非常着迷于科学，她为这辆新火星车取名为"好奇"。

2011 年 11 月 26 日，这辆成为"好奇号"的大型火星车从卡纳维拉尔角升空，由"宇宙神 -5 型"火箭搭载着飞往火星。"宇宙神 -5 型"有四个捆绑式固体助推器，每个助推器都可为主火箭发动机提供强大的额外动力。"好奇号"需好几个月的时间飞抵火星，然后，开始计划中的为期两年的探测活动。谢天谢地，虽然经过了不少波折，它终于出发了（图 2.32）。

图 2.32 "好奇号"出发了

就这样，"好奇号"被减速伞包裹着，呆在一个密封的容器里离开了地球的大气层。此后，它无声无息地经历了长达 8 个多月的漫长旅行。8 个多月后，它的目的地——火星出现在眼前。对于"好奇号"来说，那是它火星生涯的第一个严峻考验：它要着陆了。

此时是 2012 年的 8 月，"好奇号"结束了寂寞的旅行后以接近每秒 6 千米的速度一头扎进火星的大气层。在离火星表面 10 千米的地方，它打开降落伞，首先利用降落伞进行减速，并抛弃外部保护壳。当"好奇号"距火星表面只有 1000 米的时候，"太空起重机"登场了，它放出绳索，将"好奇号"悬吊着慢慢下降，然后小心翼翼地放在火星的地面上。当"好奇号"的轮子接触地面时，"太空起重机"很快得到了信号，那是"好奇号"发出的，仿佛在喊："我站在火星上啦。"于是"太空起重机"与"好奇号"脱离。为了不伤着

"好奇号"，它自动飞离着陆点，在一个较远的地方陨落。

三、希望找到有机分子

盖尔陨石坑直径约 160 千米，中央有一个由层状沉积物组成的小丘。这样的地形是如何形成的？地质学家们的看法不尽一致，但有一点可以肯定，那就是水参与了这个陨石坑地形的塑造，因为它底部的岩石层是由粘土和硫酸钠构成的，而这两种物质的形成都离不开水。陨石坑通常是流水聚集的地方，无论是雨水、雪水，还是地下水，它们都会流进陨石坑里。在盖尔陨石坑中，那些黏土和硫酸钠可能就是水被蒸发后残留下来的物质。

然而"好奇号"并不仅仅是为寻水而来的，它更希望找到有机分子，这种复杂的含碳分子尽管不是直接的生命信号，却是形成生命的材料。

图 2.33 "火星样品分析仪"。是专为寻找火星土壤中的有机物质而研制的

"好奇号"搭载的"火星样品分析仪"（图 2.33）是专为寻找火星土壤中的有机物质而研制的，它叫"SAM"，由质谱仪、色谱仪、光谱仪等精密仪器组成，这个小型车载实验室负责研究火星上的碳化学，寻找火星上的碳的同位素。在地球上，碳的同位素是生命诞生的基本元素。

在探测岩石方面，"好奇号"的本领也大大超过了"勇气号"和

"机遇号"。"勇气号"和"机遇号"只能通过探测光谱发现岩石中的特殊元素，例如铁等，但"好奇号"有一架激光蒸发仪，能在7米开外发射一束激光以蒸发岩石，然后研究岩石蒸发物的光谱（图2.34）。假若发现了感兴趣的元素，"好奇号"就会接近岩石，使用一个钻头伸进岩石中提取样品。使用这种方法，"好奇号"能研究岩石中深达5厘米处的提取物。

图 2.34 激光蒸发仪。能在 7 米开外发射一束激光以蒸发岩石，然后研究岩石蒸发物的光谱

四、生命猜想

"好奇号"必须自己研究这些岩石提出物，它要将粉状的岩石样品放进一个光谱分析仪中。在那里，"好奇号"用 X 射线研究岩石样品的衍射图形，这些"图形"就像矿物的"指纹"，它们显示了独特的 X 射线衍射标记。光谱分析仪通过这种方法告诉人们火星上有些什么矿物和每种矿物的储量，这些信息将透露这些矿物形成时火星的温度、压力、酸度以及其他状况。它们是研究火星形成和演化的重要资料，也是科学家们了解盖尔陨石坑是否存在有机物质的重要依据。

抵达盖尔陨石坑后，"好奇号"很快考察了那里的环境（图2.35），证明盖尔陨石坑的确是火星湖泊的遗迹。"好奇号"还用它携带的样本分析仪检测了一铲火星土壤，发现其中含有 2% 的水。

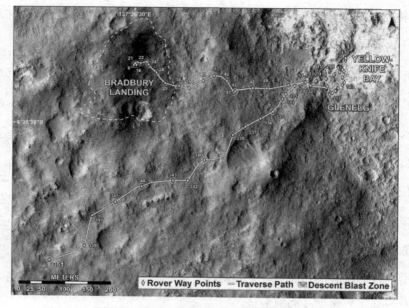

图 2.35 "好奇号"着陆后的部分行进线路

"好奇号"向盖尔陨石坑中的夏普山（图 2.36）进发，希望在那里发现更多的东西。假若火星上存在过液态水，那么生命在这个星球上曾经存在，甚至出现在现在的火星上也就不足为奇了。

图 2.36 位于盖尔陨石坑中的夏普山。"好奇号"拍摄

"好奇号"来到了夏普山附近，它在这里发现了光滑的小块鹅卵石和河流的沉积物（图 2.37），这是远古火星存在河流的证据。

图 2.37　夏普山附近的泥岩地层和河流沉积物，显示这里曾经是一个河床

　　"好奇号"上的"火星样品分析仪"也确实在火星上发现了微生物存在的可能性，因为它探测到了甲烷释放的痕迹。甲烷俗称沼气，它们的来源很可能就是微生物。同样地，"火星样品分析仪"还探测到了火星上的有机物质，这两项发现令科学家们非常兴奋，因为这表明，只要排除了甲烷和有机物质的非生物学因素，人们就可以得到一个结论，即现在的火星很有可能依然是一颗"生命星球"。

　　通过几代火星车和其他火星探测器的努力，人们现在完全可以认为，在火星沉积层形成的过程中，水扮演了重要角色。目前看到的火星地貌特征就是液态水塑造的。现在的火星非常寒冷，但在过去，火星的气候可能很温暖。

　　种种迹象显示，在 35 亿至 38 亿年前，火星表面的大部分地区是被海洋覆盖着的。人们就此推断，火星有可能先于地球出现生命，这为地球生命的起源提供了一种可能，也许地球上的原始生命就来自于火星，那些简单的生命体"乘坐"火星陨石"迁移"到了地球上，从而为地球传播了生命的种子。虽然人们现在还无法证明这一点，但从环境上看，这样的事情是完全有可能发生的。

五、终于找到了液态水

但现在的火星上，液态水消失殆尽了吗？火星探测器"火星勘测轨道器"（图 2.38）的回答是没有，因为它发现了一种奇怪的现象：在火星的春夏季节，火星陨石坑的一些斜坡上会出现类似"手指形状的阴影物体"，它们顺着斜坡向下延伸，其形态随着季节的变化而变化（图 2.39）。

图 2.38　火星探测器"火星勘测轨道器"

图 2.39　"手指形状的阴影物体"顺着斜坡向下延伸，其形态随着季节的变化而变化。它们是"盐水形成的水流"

这种物体是什么？为什么随着季节变化呢？科学家们分析后认为，最合理解释就是"盐水形成的水流"。

"火星勘测轨道器"搭载有光谱仪，它能获取那些奇怪"物体"的光谱数据，从而确定黑色条纹的矿物质组成。经过仔细分析，科学家们终于获得了结果，他们确定，那些"手指形状的阴影物体"中包含有水分子和盐的晶体结构，这说明，这种"随季节变化的物体"就是由液态水造成的，火星上的确还存在着液态水。至此，火星找水获得重大突破。

就普通的情形而言，现在的火星比地球冷得多，纯水不会呈液

态，但如果水中含有盐，它们就比纯水更能在较低的温度和压力下保持液态。在这种情况下，液态水存在于现在的火星上就一点也不奇怪了。

火星是一个很大的谜团，尽管飞往火星的太空探测器正在一层层地揭开它的神秘面纱，但这也只是一个开始，离最终破解火星之谜还远着哩。

第五节　火卫之谜

一、身世之谜

"好奇号"还观测到了火星日食。地球上的日食是由月亮遮挡太阳造成的，火星上的日食则是火星的卫星遮挡太阳造成的。"好奇号"在忙碌之余观测了火星上的一次日环食，它是火卫一把太阳部分遮住时的情景（图2.40）。

图 2.40　太阳被火卫一遮住，形成火星日食。"好奇号"拍摄

火星有两颗卫星，是美国海军天文台的天文学家阿萨夫·霍尔（图2.41）发现的，它们像围绕火星旋转的兄弟俩。人们用古希腊神话中驾在战神战车上的两匹马的名字分别命名了这两颗星。内层的那颗叫"福波斯"，是老大，这就是火卫一；外层的那颗叫"德莫斯"，是老二，为火卫二。两颗卫星上都有不少陨石坑。火卫一上最大的陨石坑叫"斯蒂

克尼"，它是以霍尔妻子的名字命名的，而火卫二上的两个最大陨石坑则分别以两位闻名世界的讽刺作家伏尔泰和斯威夫特的名字命名，因为这两位作家都曾在他们的小说中提到火星有两颗卫星。

火卫一和火卫二看起来只是两块不规则的石头。20世纪70年代，"水手9号"和"海盗1号"靠近火卫一，它们发现火卫一很暗淡，反射率很低，这种情况和碳质球粒陨石很相像，表明它很可能是一颗来自小行星带的古老天体（图2.42），而后来的探测还显示，火卫一甚至很像外太阳系中的天体，这种天体远在小行星带之外，它们更古老，这似乎进一步证实了科学家们最初对这两颗卫星的猜想，即它们是外来的，并不和火星一起形成于同一团星云物质中。

图 2.41 美国天文学家阿萨夫·霍尔

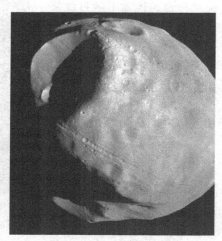

图 2.42 "海盗1号"于1978年拍摄的"火卫一"

然而这两颗卫星仿佛并不想让它们的秘密如此轻易地被人探究得一清二楚。它们的表面物理特性虽然让你觉得像来自远方的小行星，但它们的轨道特性又断然否定了这个结论。火卫一和火卫二都不在它们作为小行星应该呆着的地方，它们的轨道靠近火星的赤道，

这显示它们和火星的确形成于同一团星云物质中，它们的组成不应该类似碳质球粒陨石，而应该等同于火星岩石！

　　有人怀疑光谱探测的准确性，因为正是这种探测确定了火卫一是一颗被"俘获"的小行星。这些科学家认为，由于火卫一没有大气层的保护，它表层物质的特性被来自太阳的带电粒子改变了。在长达几十亿年的时间里，古老的火星岩石失去了它的真实"身份"，它穿上了一件"小行星"的"外套"，正是这件"外套"欺骗了分光计。

　　二、密度之谜

　　火卫还有一件奇怪的事，那就是它们的密度非常低。1958年，苏联天文学家什克洛夫斯基测算出火卫一的密度只有水的千分之一。由于无法以其他途径解释这种现象，这位科学家就设想，火卫一和火卫二可能是火星人发射到太空上的两座中空的人造天体，其作用是永久保存火星文明留下的文化典藏。他设想火星上曾有过智慧的生物和高度的文明，然而由于自然条件的剧烈变迁，火星不适合火星人生存了，他们不得不面临毁灭或迁走的命运。在毁灭或迁走之前，火星人发射了这两颗卫星，目的是把他们的文明典藏永久保存在这两个中空的人造天体中。

　　按照什克洛夫斯基的说法，火卫一和火卫二无疑就是火星人的两座"太空博物馆"，然而当人类的探测器先后到达火星时，人们看到的火卫只是两个天然的岩质天体，样子像两个马铃薯，表面被陨石砸得坑坑洼洼，看上去并不像是"人造天体"（图2.43、图2.44）。

图 2.43 "火星勘测轨道器"拍摄的火卫一

图 2.44 "火星勘测轨道器"拍摄的火卫二

假若火卫一果真是一块火星岩石，那么它就应该形成于火星轨道上的尘埃颗粒，这意味着它必须是实心的，不可能出现巨大的空洞，那么它的密度为什么这么低呢？2010年，"火星快车"成功探测了火卫一，它获得的有关火卫一质量的数据比以前的探测精确了一百倍，它携带的高分辨率立体照相机绘制了火卫一的 3 D 模型，其精确度也是前所未有的，这些工作使得科学家们能够更精确地计算出火卫一的平均密度。他们发现，火卫一的平均密度意外地低，这意味着它可能真的不是一个实心体，它的内部真的隐藏着空洞吗？

为了解释火卫一的来源，科学家们提出了一种猜测，他们设想，火卫一有可能产生于一次大碰撞，那次碰撞将火星上的岩块抛到了火星的轨道上，这些岩块又以某种不规则的方式随意聚在一起，于是便有了现在这颗拥有空洞的奇怪的火卫一。

火卫一离火星极近，与火星之间的距离只有 6000 千米。在太阳系中，它与主星的距离是最短的，而且，潮汐力还在不断地使它的

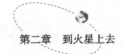

轨道变得越来越小，相对于火星的轨道高度也因此正在逐渐降低。一般认为这个过程还可以持续 5000 万年，5000 万年后，火卫一将撞上火星。不过现在也有人认为这个过程只剩下 1000 万年了，他们的计算表明，当火卫一降低到距火星 3600 多千米时，它将被火星的潮汐力撕碎而成为一道环绕火星的光环。

三、登陆火卫一

由于离火星近，火卫一对研究火星就很有价值，因为它本身就可以当成一个研究火星的"天然探测器"。通过它在轨道上运行的"表现"，科学家们可以研究火星内部的质量分布情况。例如，当火卫一从火星上庞大的塔尔西思火山群（图

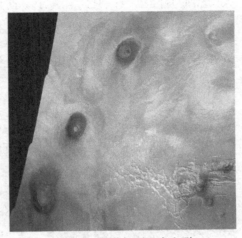

图 2.45　塔尔西思火山群

2.45）上空越过时，它会下降一点，这是因为火山群的质量给它施加了更大的拉力。

一旦技术进一步成熟，火卫一会告诉人们火星内部的核是怎样的，人们还可以通过监测火卫一来研究火星上的气候变化。在火星上，每当冬季来临，便有超过 30% 的火星大气被"锁"在火星极冠的冰盖中，到了夏季，这些大气又被重新释放出来，而这个过程也会影响火卫一在环火星轨道上的运行，因此监测火卫一是跟踪火星季节变化的好方法，它可以帮助人们研究火星气候的演变和发展，

研究火星上水的历史，研究火星现有的气候模式。

火卫一也是人类有意登陆的星球，因为它可以成为研究火星的中转站。也许不久的将来人类会在火卫一上实现登陆，这件事并不像想象中那么困难。在阿波罗登月任务中，阿波罗着陆舱是依靠减速推进器实施减速以实现月面软着陆的，这需要携带大量燃料，昂贵的燃料会使登陆任务增加大幅开支，登陆火星的开支更是大得惊人。然而登陆火卫一就便宜多了，这是因为火卫一的质量极小，引力极弱，在其表面软着陆就好似与一艘太空船对接一般轻而易举，且并不需要太多的燃料，升空也十分容易，这样可省去不少资金和麻烦。

图 2.46　火卫一会成为人类登陆火星的"跳板"

所以，登陆火卫一是一个不错的想法，它可以把火卫一变成一个研究火星的中转站和最终登陆火星的"跳板"（图 2.46）。在火卫一上，人们可以更好地观测火星，研究火星，选择理想的火星登陆点。火卫一上的地下空洞能为宇航员提供躲避宇宙射线的天然保护屏障。在火卫一上，人们可以建设仓库以存放运载火箭所需的部件和设备，建设着陆场以供航天器起降，这些工作都可以在机器人的协助下完成。最后，待一切准备就绪，就可以向火星出发了。

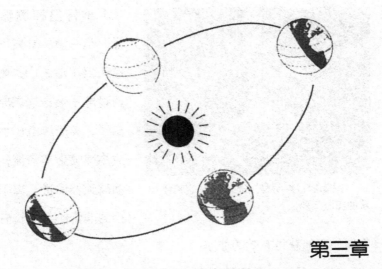

第三章

飞往小行星的传奇之旅

第一节 "黎明号"的"一箭双雕"

一、捉一年"迷藏"

火星是内太阳系中最靠外围的一颗固体大行星。离开了火星，假若要继续向远离太阳的方向旅行，就要越过一条宽阔的小行星带，那里没有大行星，只有一些大小不一的小行星和一颗介于大行星和小行星之间"矮行星"，它叫谷神星。

然而，当"黎明号"起程飞往小行星带时，谷神星还被人们称为"小行星"。但谷神星存在于小行星带中，且"黎明号"除要访问谷神星外还要访问另外一颗小行星灶神星，所以人们还是把"黎明

号"称为"小行星探测器"。

图3.1 "黎明号"是一艘装有离子引擎的探测飞船

小行星探测器"黎明号"是一艘装有离子引擎的航天器（图3.1）。离子引擎通过电子轰击气态原子产生离子，离子经电压加速，形成高速喷射离子流，从而推动航天器前进。离子引擎的推力非常小，但长时间工作则能使飞船获得有效的加速。

"黎明号"上的离子引擎工作时所需的电力来自太阳能电池板，它非常长，像一对展开的翅膀，所以尽管谷神星和灶神星离太阳的距离比火星离太阳的距离更为遥远，但这对太阳能电池板依然能给离子引擎和其他设备提供足够的电力。

图3.2 意大利天文学家朱塞普·皮亚齐发现了谷神星

谷神星的发现有一段离奇的故事，它的存在最初是由德国科学家开普勒推测的。开普勒认为在火星和木星的轨道之间应该有一颗行星。另一位德国科学家提丢斯也认为行星与太阳之间的距离存在着一种规律，按照这种规律，火星和木星之间的确应该有一颗行星。1801年的第一天，意大利天文学家朱塞普·皮亚齐（图 3.2）用望远镜观测那个区域时果然发现了一颗陌生的星，他断定那就是人们推测的行星，然而观察了几个星期后，那颗星又消失了，皮亚齐只获得了几个观测数据。根据这些数据，德国数学家高斯算出了那颗星的轨道，而另一位德国天文学家奥伯斯则用望远镜重新找回了它。找到它的那一天恰恰是 1801 年的最后一天，于是那颗星又"失而复得"了。

这颗在 1801 年和科学家们整整捉了一年"迷藏"的顽皮星球就是谷神星。在随后的几年里，人们又相继在火星和木星轨道之间发现了智神星、婚神星和灶神星。人们发现这些星的个头都不大，不足以归于大行星行列，于是就称它们为"小行星"。后来人们又将谷神星从小行星中划分出来，称它为矮行星了。

二、原来有一个"小行星带"

发现了谷神星和其他几颗小行星后，天文学家们在火星和木星轨道之间渐渐发现了越来越多的岩石状小天体，他们意识到那里是一个小行星的密集区域，于是就称它为"小行星带"（图 3.3）。人们猜测，小行星带中的天体原

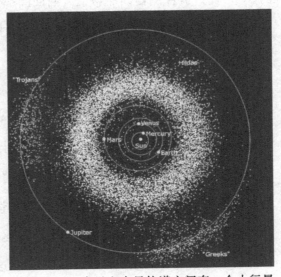

图 3.3 火星和木星轨道之间有一个小行星带，其中的小点显示小行星带中的小行星

本应该发展成一颗大行星，但不知为什么，这颗大行星并没有形成，只有一些小天体作为小行星而存在了下来，所以说，那些小行星可能就是大行星的"半成品"。

假若事情果真如此，小行星带便是一个保留了早期太阳系丰富信息的地方，是人们可以窥视原始太阳系诸多秘密的绝好场所，它能帮助人们推测我们的太阳系是如何形成的。于是，人们设计了一个非同寻常的太空探测计划：派一艘太空船前往小行星带，探测小行星带中的两颗典型天体——灶神星和谷神星。科学家们认为，灶神星和谷神星上隐藏着许多太阳系诞生之初的原始信息。45亿年前，当太阳系开始形成的时候，这两颗星停止了它们的成长步伐，它们并没有让自己聚集足够多的物质去变成大行星，而是定格在了那个混沌的年代，仿佛时间停止在了太阳系的"黎明时期"，而这艘探测器则能帮助人们回溯那个遥远的"黎明时期"，这有点像把人们带回到了过去，所以这艘探测器就被命名为"黎明号"。

"黎明号"计划也遭遇过波折。2001年，此计划正式立项，同年12月获得3.73亿美元的拨款，后增加到4.46亿美元。2006年3月2日，美国航空航天局忽然下令取消"黎明号"计划，理由是科学家们未能有效地使用专项资金，从而导致超支严重。消息传来，人们非常不满。在"黎明号"计划小组成员的愤怒抗议和据理力争下，"黎明号"小行星探测计划才重获开启。美国航空航天局还再次拨款7000万美元以弥补费用的不足，"黎明号"这才终于得以在2007年下半年离开地球。

三、抵达灶神星

2007 年 9 月 27 日,"黎明号"小行星探测器在佛罗里达卡纳维拉尔角空军基地被一枚"德尔塔 2 型"火箭送上太空,开始了长达 8 年,穿越 50 亿千米的星际之旅(图 3.4)。人们的计划是这样的:首先让"黎明号"飞往灶神星并环绕这颗星运行一年时间。到 2012,"黎明号"再离开灶神星飞往谷神星,并于

图 3.4 "黎明号"升空奔往小行星带

2015 年实现对谷神星的环绕飞行。这样一来,一艘探测器就可以完成对两颗星球的环绕考察。这是一件很复杂的事,在人类的航天史上从未尝试过。

图 3.5 "黎明号"拍摄的灶神星

2011 年 6 月,在太空中飞行了 4 年之久的"黎明号"抵达灶神星,它拍摄的照片显示灶神星是一个地势险峻的世界(图 3.5)。尽管灶神星的总面积只比美国的德克萨斯州大不了多少,但它的地表特征却显示了令人惊讶的多样性(图 3.6),有高山、峡谷、巨大的凹槽,还有太阳系中接近最高的山峰。

灶神星自转得非常快,自转一周仅为 5.3 小时。在"黎明号"的镜头下,灶神星给了科学家们一个深刻的印象:它是一个动荡不安的世界。

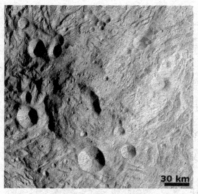

图 3.6　灶神星的地表特征显示了令人惊讶的多样性

但这样的印象并非现在才获得。早在 1997 年，哈勃太空望远镜就为灶神星拍过"快照"，虽然只是模糊的一瞥，但人们还是知道了灶神星最显著的地表特征就是巨大的陨石坑。现在"黎明号"靠近了灶神星，人们对这个动荡的世界也终于可以"一睹为快"了。

第二节　回望太阳系的"黎明"

一、陨石坑"雷亚希尔维亚"

看得出来，在灶神星漫长的一生中，它遭遇过非常动荡的岁月，但好歹总算保全了自己。

灶神星上有非常壮观的由陨石坑造成的险峻地势。科学家们将灶神星上最大的陨石坑命名为"雷亚希尔维亚"，它深约 20 千米，直径约 500 千米，相当于灶神星直径的 90%，是灶神星南半球最具支配性的结构。在这陨石坑的中间，矗立着一座高山，其顶峰的高度超过 20 千米，是太阳系中高度雄居第二的山峰（图 3.7），仅次于火星

图 3.7　位于灶神星南半球的陨石坑"雷亚希尔维亚"，它的中间矗立着一座高山

上的奥林帕斯山。

小小的灶神星为什么有这么高的山峰呢？原来灶神星的引力很弱，在上面形成高耸的山峰并非难事。假若把这山放在地球上，它就会因重力而下沉，高度会降低许多。

灶神星承受过两次巨大的撞击，除了造成"雷亚希尔维亚"的那次撞击外，另一次撞击发生得更早，它产生的陨石坑名叫"维纳尼亚"，比"雷亚希尔维亚"稍小一些，后来被"雷亚希尔维亚"抹去了一半（图3.8）。这两次撞击虽然没有使灶神星分崩离析，却在它的表面创造了壮观的凹槽（图3.9），其长度达386千米，宽约25千米，环绕整个星球延伸了三分之二圈，成为灶神星上最壮观的凹槽，也使得灶神星面目全非了。由此可知，剧烈的撞击把灶神星赤道以南的古老地面完全清除掉了。

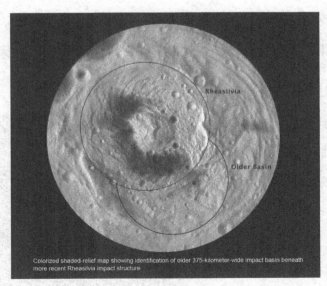

图3.8　灶神星承受了两次巨大的撞击，形成了两个相互重叠的陨石坑。此图显示了陨石坑的边界，大圆圈是"雷亚希尔维亚"陨石坑，它把"维纳尼亚"陨石坑抹去了一半

图 3.9 剧烈的撞击还在灶神星的表面创造了壮观的凹槽

"雷亚希尔维亚"大约形成于 10 亿年前，那撞上灶神星"不速之客"足有 20 千米，它将灶神星上的大量物质铲到了太空中，那些物质多到足以把美国的科罗拉多大峡谷填满 400 次，它们中的大部分进入太空后变成了小行星。几千万年后，这些小行星中的一些又落到了地球上，它们化为碎片成为陨石为人们所知晓，所以地球上的陨石有 6% 都来自灶神星，比来自月球的陨石还要多，这些陨石有很大一部分又都来自那次造成了"雷亚希尔维亚"陨石坑的惊天一撞。

二、原行星

来自灶神星的陨石为科学家们带来了灶神星内部的信息，那就是灶神星并不是一颗只有单一结构的星体，它的内部有分层结构。人们发现，灶神星的岩石熔化过，假若是这样，那么这颗星球冷却后就会出现

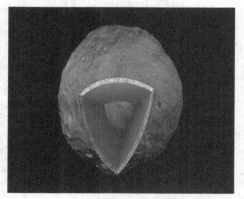

图 3.10 灶神星像地球一样拥有壳、幔和一个核

074

"分层"，它可能变得很像地球，有一层壳、幔，甚至有一个核（图3.10）。这和人们以前的想法大不一样。

灶神星这么小，按说难以产生很高的温度和压力去熔化它的岩石，也就是说，灶神星中的铁不会沉到星球的中心形成核，较轻的物质也不会浮在上面形成壳，所以按理说，它是不会有分层结构的。然而人们却在来自灶神星的物质中发现了星球融熔的证据——辉石，它们一般只能在熔岩中存在；人们也没有在灶神星的陨石中找到铁，这表明灶神星的表面没有铁，它们和表面物质分离后沉到了星球的内部，所以灶神星应该拥有一个铁核。

通过测量"黎明号"和灶神星之间的引力大小，科学家们确定了灶神星的密度，其误差小于1%。知道了密度，人们就能得到一个有关灶神星铁核的数据。他们发现，灶神星铁核的半径大约为110千米，这和人们对灶神星含铁量的估计也是吻合的。

那么，灶神星是如何形成分层结构的呢？一种合理的解释是，在太阳系形成的时候，发生了超新星爆发，即大质量恒星的爆炸（图3.11），这种事件将一些放射性元素，例如铝-26和铁-60抛撒到了太阳系中，

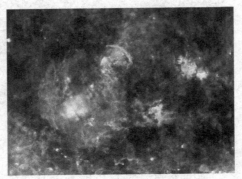

图3.11　一颗恒星发生了爆炸，成了超新星，碎片四散开来

而那个时候，一些像灶神星这样的天体正在成长之中，它们被称为"原行星"。于是，灶神星就被来自超新星的炽热原子熔化了。后来，放射性元素衰变了，灶神星凉了下来，最终形成了自己的分层结构。

所以说，灶神星其实是一颗来自早期太阳系的被"遗留"下来的原行星，它原本有一些"同伴"，都是和自己一样的原行星，但那些"同伴"中的绝大多数都在大约 40 亿年前成了像地球这样的岩石大行星的一部分。

三、行星世界的"食人族"

原来，地球和其他类似地球的岩石行星是分成两步形成的（图 3.12）。第一步是形成原行星，而现在的大行星则来自太阳系演化过程中的"第二步"。从某种意义上说，大行星是行星世界的"食人族"，它们"吞食"了比它们更小的天体，而那些天体已经经历了"第一步"的演化历程，具备了行星的一些基本特质，它们已经有了核和其他分层结构，它们就是像灶神星这样的原行星。

图 3.12　地球和其他类似地球的岩石行星是分成两步形成的。这是太阳系中的 4 颗岩石行星：水星、金星、地球、火星

如此说来，地球可能并没有创造自己的铁核，它的核事先已在原行星中经过了"预处理"，也可以说，地球并不是直接形成的，它经历了"吞食"原行星的第一步，然后才长成了一颗大行星。也许只有气体巨行星——木星、土星、天王星和海王星是直接形成的。

"黎明号"对灶神星的研究持续了一年多。2012 年 9 月，"黎明号"离开灶神星，向它的第二个目标谷神星进发，这是一个创造历史的时刻。在科幻小说中，宇宙飞船环绕一个星球，再离开这个星球飞往第二个星球，并进入那个星球的环绕轨道，这并不稀奇，但在现实世界，这样的事在"黎明号"之前从未发生过。"黎明号"是第一艘实现了这种飞行的航天器，所以它是真正的"星际飞船"，而它之所以能这样做是也因为有了离子引擎。

2015 年 3 月是"黎明号"抵达谷神星的关键时刻，但科学家们一点也不紧张，因为"黎明号"上的离子引擎允许人们为它设计一条渐渐靠近谷神星的和缓的路径，它开始和谷神星以"并驾齐驱"的方式环绕太阳运行，同时一点点地接近

图 3.13 "黎明号"拍摄的谷神星

谷神星（图 3.13），最后"不知不觉"地被谷神星的引力所捕获，成为一颗环绕谷神星运行的"人造卫星"。

四、谷神星有很多水

对于"黎明号"来说，谷神星显然比灶神星更加"吸引眼球"，它比灶神星大，还很潮湿，很像木星和土星的冰质卫星，而且人们对谷神星的了解也非常少，所以充满了神秘。

在"黎明号"到来以前，天文学家们只能通过它和火星之间的引力关系了解它的质量和密度。人们猜测谷神星的内部可能有一个

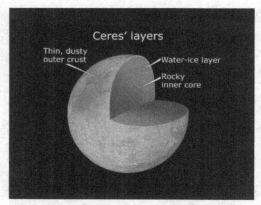

图 3.14　谷神星也有一个固体的核，核的外面是很厚的含水层

由硅酸盐岩石组成的核，核的外面是冰和水（图3.14）。谷神星的半径接近500千米，这其中含水层的厚度就可能达到了100千米。

在地球上，人们并没有找到和谷神星相关联的陨石，所以谷神星表面的物质组成还是一个未知数，但它有分层结构和很多水，它的极区可能为冰所覆盖则是人们可以推测的状况，这意味着谷神星上有可能存在生命。

"黎明号"在尽可能的范围内靠近谷神星，并成功进入了环绕轨道，在此过程中，"黎明号"向地球发回了一些照片。和灶神星相比，谷神星很平坦，陨石坑也较少（图3.15），它的种种特征都表明它和灶神星代表了两种完全不同的特质。灶神星是一颗干燥的星体，很像内太阳系中的行星，如火星和金星，而谷神星则含有丰富的水，很像外太阳系中的冰质天体，如海卫一和冥王星，它们合在一起就宛如两卷记录了早期太阳系"黎明时代"的珍贵"史册"，包含了有关太阳系的过去和行星由来的完整故事，而"黎明号"的使命就是去读懂这两卷史册，并昭示太阳系起源的秘密。

事实证明"黎明号"干得很漂亮，虽然还有很多谜团尚未揭晓，但一些重要突破已让人们能够勾勒出太阳系行星形成的大致轮廓了。"黎明号"还首次实现了一艘探测器对两颗星球的环绕探测，为人类

探测器探测宇宙奥秘书写了新的篇章。

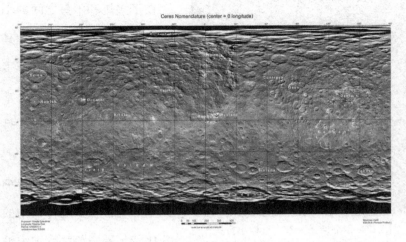

图 3.15　谷神星的表面。和灶神星相比，谷神星很平坦，陨石坑也较少

第三节　"尼尔号"的太空飞行

一、发现"反常"的小行星

1898 年 8 月，柏林天文台台长卡尔·古斯塔夫·维特（图 3.16）和法国天文学家奥盖斯特·科里斯同在 13 日这一天发现了一颗奇怪的星。维特发现，这颗星的近日点进入到了火星轨道的内侧，处在距地球轨道 2200 万千米以内的地方，而远日点又远远逃到了火星轨道以外，这种反常的运行令他非常惊讶。

图 3.16　德国天文学家卡尔·古斯塔夫·维特是首次发现近地小行星的人

图 3.17 伊洛斯是一颗"近地小行星"

人们推测，这颗星原本存在于火星和木星之间的小行星带中，后来在木星和其他行星引力的扰动下靠近了地球，形成了这种极为反常的轨道。这颗星就是 433 号小行星，又叫"伊洛斯"（图 3.17）。伊洛斯是古希腊神话中的爱神，罗马神话中的丘比特，爱与美之女神维纳斯的儿子，所以伊洛斯又叫"爱神星"。

通常情况下，小行星都处在火星和木星之间的小行星带中，但有时候，它们中的一些会像伊洛斯那样因外力的扰动而改变轨道运行到很靠近地球的地方，这种时候，人们就称它们为"近地小行星"。伊洛斯是人类发现的第一颗近地小行星。

"近地小行星"的轨道常和地球相交，极有可能撞上地球，历史上这种事经常发生，所以"近地小行星"被认为是一种能对地球构成威胁的天体。现在，由于太空观测技术的日益进步，人们已发现了越来越多的"近地小行星"，其中有些被认为是对地球"有潜在危险的小行星"，它们有可能撞上地球，因此受到科学家们的严密监视。

二、"尼尔号"出发了

为了研究近地小行星，科学家们有了探访伊洛斯的计划，而实施这个计划的小行星探测器就是"尼尔号"（图 3.18），它的造价为

2.23 亿美元，是美国航空航天局"更快，更好，更省钱"发现系列太空船中的一艘，由约翰斯.霍普金斯应用物理实验室研制和管理。

人们的打算是，让这艘太空船与伊洛斯实现会

图 3.18　小行星探测器"尼尔号"（后改名为"尼尔·苏梅克号

合，成为绕伊洛斯公转的卫星，这样一来，"尼尔号"就能环绕考察一颗近地小行星了，就像人们派探测器去环绕研究木星、土星等大行星时使用的方法一样。正因为如此，它才被命名为"尼尔号"（NEAR）。"尼尔"即"靠近"的意思，它还是"近地小行星会合"(near earth asteroid rendezvous) 的简称。

"尼尔号"装备了 5 种重要的探测仪器，它们分别是激光测距仪、磁力计、X 射线 / 伽马射线分光计、近红外光谱仪和多色照相机。使用这些仪器，"尼尔号"可以对伊洛斯的形状、重力、质量、密度、磁场强度和化学组成进行全面的研究，从而丰富人们对小行星的认识，并回答一些有关地球和太阳系起源的问题。

为了贯彻"更省钱"的原则，"尼尔号"的飞行线路被设计得很复杂，这样它就不必使用昂贵的运载火箭，只需便宜的"德耳塔 2 型"火箭（图 3.19）便可以进入轨道了。

1996 年 2 月 17 日，"尼尔号"在卡纳维拉尔角发射升空（图 3.20），它采用绕道迂回的线路接近目标，其间一次飞过地球，一次飞近小行星"马西德"，两次靠近伊洛斯。至 2000 年 2 月会合伊洛斯时，它已经在路上行色匆匆地奔驰了 4 年，而如果直接飞往伊洛

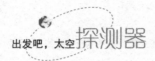

斯，只用一年便够了。

图 3.19　放于"德耳塔
2 型"火箭中的"尼尔号"

图 3.20　"尼尔号"发射升空

三、发现心形凹地

图 3.21　小行星马西德比伊洛斯大，
形状很不规则

在飞近小行星马西德（图 3.21）时，"尼尔号"顺便考察了它。马西德比伊洛斯大，直径达到 50 至 60 千米。1997 年 6 月 27 日，"尼尔号"在离马西德 1200 多千米的地方飞过时用多色照相机为它拍了 144 张清晰的照片，使其 60% 的表面被收进了"尼尔号"的镜头中。

从照片中人们看到，马西德的表面有许多凹坑，它的形状很不规则，表明在过去的岁月里受到过多次剧烈的碰撞，许多地方的物质在碰撞中失去了。马西德的主要成分是碳酸盐，自转周期为 17.4

天，是一颗反射率很低的 C 型（碳型）小行星。

按照原定的计划，"尼尔号"应该在 1998 年底或者 1999 年初与伊洛斯会合，成为一颗围绕伊洛斯公转的人造卫星，然而伊洛斯非常小（图 3.22），加之在 1998 年 12 月 21 日进行预定轨道

图 3.22　最大的是谷神星，其次是灶神星，最小的是 433 号小行星伊洛斯

修正时，"尼尔号"因计算机程序故障导致通信突然中断，所以轨道修正没有成功。24 日，"尼尔号"从距伊洛斯 4100 千米的地方飞过，它只好等待下一次机会靠近伊洛斯了。这次失误把"尼尔号"会合伊洛斯的日期推迟了一年多。

2000 年 2 月 11 日，也就是这年情人节的前三天，"尼尔号"又靠近了伊洛斯。它已经离这颗星很近了，人们从它发回的一张照片中发现了一块心形的凹地，它是一个醒目的陨石坑，在光影的作用下呈现了一个心的形状。

四、苏梅克夫妇

2 月 14 日，情人节。"尼尔号"终于被这颗"爱神星"的引力所捕获，它开始绕这块怪异的石头公转，并不断将照片发回地球。

"尼尔号"成功了！

会合了伊洛斯后，"尼尔号"便进入到考察近地小行星的黄金时期。2 月 24 日，它发动引擎进一步接近这颗星的表面。一个星斯后，它与伊洛斯的距离降至 204 千米，这时它发回的照片已能判别 20 米

左右的表面结构了。到了 4 月 30 日，这艘探测器已经运行在距伊洛斯仅 50 千米的轨道上，分辨率达到了 4 米。"尼尔号"以这样的方式围绕伊洛斯飞行了一年时间，从不同的高度，角度为这颗星拍摄了 16 万张照片（图 3.23、图 3.24）。

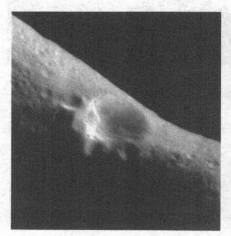

图 3.23　伊洛斯上的一个陨石坑

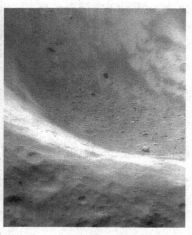

图 3.24　一个陨石坑的底部"特写"

图 3.25　美国行星天文学家和地质学家尤金·苏梅克

就在"尼尔号"环绕伊洛斯从事细致考察的时候，从美国航空航天局传来消息说，为了记念已故的美国行星天文学家和地质学家尤金·苏梅克（图 3.25），人们决定将"尼尔号"更名为"尼尔·苏梅克号"。

尤金·苏梅克，1928年生于洛杉矶，19 岁时毕业于美国加州理工学院，20 岁时以一篇古岩石学论文获得硕士学位，此后一直从事地质学、行星地质学和近地天体撞击方面的研究，其成就赢得了世界声誉。他和妻子卡罗琳一道发现了 32 颗彗星和 1100 多颗小行星，其中苏梅克·利维 9 号彗星给人们留下极为深刻的印象。这颗彗星是苏梅克夫妇和他们的朋友大卫·利维于 1993 年共同发现的，发现的时候，它已被木星的引力分裂成了 21 块碎片。1994 年 7 月 16 日至 24 日，这些碎片在人们的关注下一个接一个地撞向了木星。

苏梅克罹难于一场意外的车祸，车祸发生于 1997 年 7 月 18 日，当时他在澳大利亚参加完一个天文学会议，正在返家的途中。车上还坐着卡罗琳，但她幸免于难，只是受了伤。

苏梅克逝世后，卡罗琳没有放弃自己的事业，她一方面继续从事近地天体和太空地质学方面的研究，另一方面也忙着将她和苏梅克先生持续了 13 年的对地球陨石坑的研究整理成册。科学家们将"尼尔号"更名为"尼尔·苏梅克号"表达了人们对苏梅克夫妇献身人类科学事业的崇高敬意。

五、着陆爱神星

在历经全程 32 亿千米的航程后，"尼尔·苏梅克号"出色地完成了对一颗近地小行星的近距离考察。这时它的状态依然不错，只是燃料快要告罄了。为此，科学家们决定改变"尼尔·苏梅克号"的飞行轨道，遥控这颗远在一亿七千六百万千米之外的小行星探测器降落在伊洛斯的地表上。假若"尼尔·苏梅克号"着陆成功，它将成为人类历史上第一艘降落在一颗小行星上的太空探测器，而伊

洛斯也将成为紧随月球、火星、金星和木星之后的第五颗接受过人类探测器着陆的太空天体。

这是一个冒险的计划，因为"尼尔·苏梅克号"没有着陆装置，它不是为降落而设计的，因此科学家并没有对它的着陆成功抱很大的期待。2001年2月12日，这艘0.8吨重的探测器开始向伊洛斯表面下降。在距伊洛斯表面5000米的那段路程中，"尼尔·苏梅克号"几次启动推进器实施减速，而与此同时，它也不断地向地球发回降落过程中拍下的照片，这是科学家们对"尼尔·苏梅克号"实施软着陆的一个重要目的，他们希望"尼尔·苏梅克号"在着陆过程中拍摄的照片能让人看清伊洛斯表面巴掌大的物体，这样的照片能帮助人们解决一些悬而未决的行星地质学问题。

图3.26 "尼尔·苏梅克号"在下降过程中拍摄的伊洛斯表面，拍摄时的高度大约250米

"尼尔·苏梅克号"没有辜负科学家们的期望。在4个半小时的降落过程中，它发回了69张伊洛斯地表的特写照片（图3.26）。它对这颗星的最后一次拍照几乎就发生着陆前的最后一刻，距地表只有120米。人们对这些照片进行分析后认为，"尼尔·苏梅克号"当时的下降速度为每小时6.4千米，大约与一个跳伞者接近地面的速度相当。

"尼尔·苏梅克号"又成功了，它没有被摔得粉碎，一些仪器还能工作。它可能在着陆时有过剧烈的反弹，这使它的天线不能按计划指向地球，不过它依然向地球发送了消息，只是速度慢了许多，效率比正常情况低了 2600 倍。科学家们认为，"尼尔·苏梅克号"可能降落在伊洛斯南极和一个叫"希马洛斯"的鞍形凹地之间，大约相当于靠近那快鞍形凹地边缘的地方。

"尼尔·苏梅克号"着陆后还和地球保持了一段时间的联系。2001 年 2 月 28 日，科学家们决定放弃"尼尔·苏梅克号"，正式中断和它的联系，"尼尔·苏梅克号"从此便失去了消息。

"尼尔·苏梅克号"之旅是人类历史上一次成功的低成本高产出航天行动，它使"尼尔·苏梅克号"成为第一艘围绕一艘小行星旋转的探测器，也成为第一艘降落在小行星上的探测器，同时，"尼尔·苏梅克号"还是第一艘依靠太阳能飞到火星轨道之外的探测器。作为一艘小型而便宜的探测器，"尼尔.苏梅克号"将自身的潜力发挥到了极至，大大丰富了人类对近地小行星的认识。

第四节　初识"近地小行星"

一、像一根"太空黄瓜"

这以后，人们对近地小行星的探测便进入到一个新的阶段，人们希望获取近地小行星的样品，研究它们的组成，甚至派人着陆到近地小行星上。这样的工作

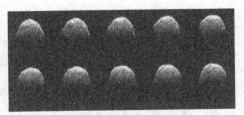

图 3.27　近地小行星"贝努"。这是由天线获得的雷达图像

难度更大，技术要求更高。例如，一颗名为"贝努"的近地小行星（图 3.27）就成了人们研究的对象。贝努的直径约 550 米，发现于

图 3.28　小行星探测器"隼鸟号"

1999 年，它的轨道与地球轨道相交，有撞上地球的可能，因此受到高度关注。

另一颗被科学家们关注的小行星叫"丝川"，它看上去像一根"太空黄瓜"。

为了研究丝川，日本发射了一艘名为"隼鸟"的小行星探测器（图 3.28）。"隼鸟号"也使用了离子引擎，它在太空中旅行了 7 年，穿越了约 60 亿千米的路程。但"隼鸟号"是一艘"命运多舛"的小行星探测器，它的离子引擎在关键时候发生了故障，导致暂时失联和着陆困难，不过科学家们最终还是克服了困难，挽救了这艘探测器。

在返回时，"隼鸟号"在科学家们的帮助下激活了一台故障离子引擎，使任务终于得以完成。科学家们研究了"隼鸟号"带回的样本，在其中发现了"陨石铁"，这是一种矿物，在地球上很稀有，但在小行星中却很平常。"隼鸟号"第一次把小行星物质带回了地球。

二、"乱石堆"和"胖香蕉"

现在人们知道，有些小行星是金属的，它们来自古老行星的核。当这些行星在很久以前被撞碎后，它们熔化的金属核便四散着喷射开来，然后凝结成了金属的小行星。但更多的小行星则是石头的，它们的组成是硅酸盐，类同于我们地球上的岩石。最后，还有一些更普通更原始的小行星富含碳和复杂的有机化合物，它们也许只是一些松散的碎块，可能被不断地撞碎过，然后又重新聚在了一起。

　　至于小行星丝川，它看起来完全是一块出人意料的"乱石堆"。丝川的表面没有陨石坑，这可能与它松散的结构很有关系。由于结构松散，即使陨石砸在了丝川上，它的表面也难以形成长久的陨石坑，它们很容易被其他石块填平。

　　和小行星丝川相比，"爱神星"伊洛斯的密度要高得多，它是一块大石头，长约 32 千米，形状像长形的马铃薯，又像一粒未去壳的花生，人们还称它为"胖香

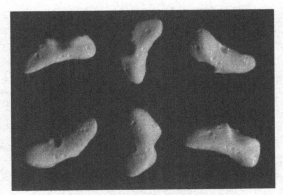

图 3.29　伊洛斯的多个侧面照

蕉"（图 3.29）。由于这样的外形，当初它接近地球时，便引发了很多猜测。人们发现，这颗星的亮度随时在改变，细心观察还可测出这种变化的周期是 5 个多小时。于是人们认为，"爱神"实际上是两颗相互绕着对方旋转的小天体，后来又猜它的上面有明暗两个区域。直到"尼尔·苏梅克号"接近了"爱神"，人们才明白这种奇怪的变光现象是其古怪的形状造成的。由于它是一个表面起伏不平的柱体，自转的时候就会显示不同的光度变化，每当它自转一周，它的光度变化就会重复一次。

　　"尼尔·苏梅克号"证实"爱神星"表面的主要成分为硅酸盐和金属铁，它的上面也有许多碎石，这表明"爱神星"与其他天体发生过多次碰撞，但"爱神星"不是丝川那样的"乱石堆"，它的表面布满了陨石坑、石块，还有山脊和凹槽。科学家们对许多地方都进

行了命名，例如一个 5.5 千米宽的陨石坑被命名为"普赛克"。在古希腊神话中，普赛克是伊洛斯至死不渝的恋人。另一个鞍形凹地被命名为"希马洛斯"，也是一个渴望爱情的化身。当然，人们也没有忘记中国爱情故事中的男女主角，他们将"爱神星"上的两个陨石坑分别命名为"林黛玉"和"贾宝玉"。

三、并非"杞人忧天"

事实证明，一颗小行星和另一颗小行星是非常不同的。"爱神星"的结构并不松散，它的重量达 70 000 亿吨，这样的物体假若砸中了地球，那是非常可怕的。然而不幸的是，"爱神星"经常靠近地球。1901 年，"爱神星"在离地球 4800 万千米的地方经过。1931 年更近，2600 万千米。在 20 个世纪，"爱神星"最接近地球的时候是 1975 年 1 月 23 日，大约 2200 万千米。而进入新世纪后，这样的事还在重演。2012 年，"爱神星"又一次回来了。1 月 31 日是它那次回归距地球最近的时候，不到 2700 万千米。尽管那时它仍然比月亮远得多，但还是算得上离我们第二近的邻居。

"爱神星"在 2014 年 6 月也回归了一次，不过离地球比较远了。我们知道，近地小行星是太阳系中的"不守纪律者"。由于轨道的奇异特性，它们的轨道与地球轨道相交，常常窜到地球附近使天文学家们紧张得捏一把汗。事实证明，这种担心绝不是"杞人忧天"，因为恐龙就被证明是被这种天体杀死的。天文学家们认为，仔细地研究伊洛斯是我们认识近地小行星的一个重要途径，也正是出于这种想法，人们才发射了"尼尔·苏梅克号"小行星探测器。

和"爱神星"相比，贝努接近地球的周期要长一些，为每 6 年一次，不过它更加让人提心吊胆。通常情况下，当一颗小行星靠近地球不足 750 万千米时，它就被认为太靠近地球了，但贝努将大大突破这个距离，到 2135 年，它与地球的距离最近时将不足 30 万千米。事实上，像贝努这样的小行星并不少，有些还尚未发现，所以人们对贝努非常关

图 3.30　一艘小行星探测器飞往"贝努"并取样返回

注，并将积极开展对它的研究和探测（图 3.30）。

研究近地小行星并采取有效的预警和防范措施是人类的一个重要课题，这是一场和时间进行的比赛，也许人类还有充足的时间，也许时间已经不多了。

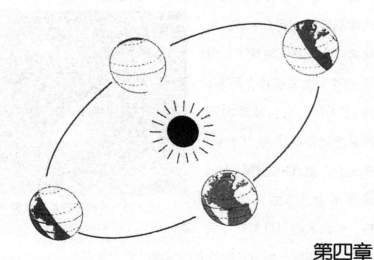

第四章
狂暴的“朱庇特”

第一节　“伽利略号”的奇遇

一、遭遇小行星

图 4.1　木星像一只彩绘的盘子

越过小行星带，你就会看到一个庞然大物渐渐地出现在眼前，它看上去像一只彩绘的盘子，上面有些白色、黄色、红褐色的条纹和暗红色的斑块。和地球比起来，这个庞然大物显得太大了，你可以将1300个地球放进它的肚子里。这个庞然大物就是木星（图 4.1），西方人称它为"朱庇特"，是罗马神话中的主神，掌管天界，以雷电为武器。

人类大规模探索木星的活动开始于 20 世纪七八十年代，那时美国先后发射了"先驱者 10 号"、"先驱者 11 号"、"旅行者 1 号"和"旅行者 2 号"四艘探测器，它们先后对木星和它的卫星进行了考察。"旅行者 1 号"还发现了木星环。

1989 年 10 月 18 日，"亚特兰蒂斯号"航天飞机将一艘名为"伽利略号"的木星探测器（图 4.2）施放到太空。"伽利略号"首先飞向太阳，然后沿一条事先设计的轨道接近金星和地球以获得加速，最后进入飞往木星

图 4.2　"伽利略号"木星探测器飞往木星

的轨道。在这个过程上，"伽利略号"遇到了不少事，这使它的旅程具有了浓重的传奇色彩。

1991 年 10 月，"伽利略号"在途经小行星带时遇到了小行星"加斯普拉"。"伽利略号"在距加斯普拉大约 16 000 千米的地方为这颗小行星拍了照，这是人类近距离拍下的第一幅小行星照片（图 4.3）。1993 年 8 月，"伽利略号"又遇到了另一颗小行星"艾达"，并在距它 2400 千米的地方拍摄了这颗小行星。艾达长约 60 千米，宽约 20 千米，外形酷似土豆。令人惊讶的是，"伽利略号"发现这颗小行星竟然还拥有一颗卫星。人们注意到照片上艾达的右边有一个小点，它就是艾达的卫星（图 4.4）。这颗微小的卫星被取名为"戴克泰"，

直径为 1.6 千米。艾达是人类发现的首颗拥有卫星的小行星。

图 4.3 小行星"加斯普拉"

图 4.4 小行星"艾达"，旁边有一颗卫星"戴克泰"

今天，人们已经发现了不少带有卫星的小行星，但在当时，在小行星周围发现卫星实在令人感到意外。人们认为艾达和戴克泰形成于同一个时期，可能在艾达形成的早期，它被另外一个物体撞击，从而分裂出了戴克泰。也有人认为戴克泰是被艾达捕获的。

二、深入大气层

"伽利略号"由轨道器和子探测器两部分组成。1995 年 7 月 13 日，"伽利略号"释放了子探测器，目的是探测木星的大气层。

将近一个月后，子探测器以每小时 17.6 万千米的时速进入木星大气层（图 4.5），它以自由落体的方式降落了 57 分钟，然后焚毁。就在这短短的 57 分钟里，它将有关木星大气的探测数据发给正在绕木星飞行的"伽利略号"轨道器，然后由轨道器发往地球。

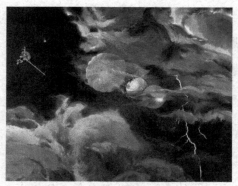

图 4.5 "伽利略号"的子探测器进入木星的大气星

"伽利略号"于 1995 年

094

12 月 7 日进入木星轨道，然后绕木星飞行，并飞临木星的几颗卫星进行了近距离的探测。其中木卫一和木卫二是它考察的重点，前者是一个火山世界，后者可能拥有一个地下的海洋。

"伽利略号"最早计划 1982 年发射，后来推迟到 1986 年。到了 1986 年，又因"挑战者号"航天飞机的失事而再度延迟。为了节省开支，美国航空航天局决定放弃直飞木星的计划改为让"伽利略号"借助金星和地球的引力绕道飞往木星。这样一来，原计划两年飞往木星的行程就不得不延长至 6 年。

"伽利略号"的延迟升空和绕道远行放慢了人类探索木星的步伐，但却意外目睹了一个天文大戏的真实上演：它正好观测到了苏梅克·利维 9 号彗星撞击木星。

三、像一串珍珠的彗星

苏梅克·利维 9 号彗星是美国天文学家苏梅克夫妇和他们的朋友大卫·利维共同发现的。苏梅克是美国著名行星天文学家，他在 1997 年遭遇车祸不幸逝世。有关他的事迹本书在前面章节里已经提到过。

那是 1993 年 3 月的一个晚上，苏梅克夫妇和他们的朋友大卫·利维用一架 46 厘米的望远镜拍下了几张木星及其周围区域的照片。底片显影后，细心的苏梅克夫人把它放在一台显微镜下进行观察，她看到木星附近有一串珠状的东西，像穿在项链上的几颗珍珠。苏梅克夫人感觉蹊跷，她想它们可能是一个压扁了的带着尾巴的彗星，于是喊来两位男士。一番研究后，所有人都认为他们发现了一颗新彗星，并由利维向国际天文学会发了一封电子邮件以宣布他们的发现。

这颗彗星来自太阳系边缘，它可能于几十年前被木星捕获，以

后沿着一条公转轨道绕木星运行。到了1992年，这颗彗星冒险进入靠木星很近的地方从而被木星巨大的引力撕成了碎片，这些碎片一个接一个地排列成长串，共21块，看起来就像一串珍珠了（图4.6）。通过轨道计算，人们推断它们将于1994年7月16日格林威治时间19时54分开始一个接一个地冲入木星大气层并引发太阳系中蔚为壮观的大爆炸。由于这颗彗星是由苏梅克夫妇和他们的朋友大卫·利维共同发现的，因此被命名为"苏梅克·利维9号彗星"。

图4.6　苏梅克·利维9号彗星分裂成了21块碎片

很快，这颗行将毁灭的彗星成了全世界天文学家关注的焦点，而木星探测器"伽利略号"也在以每小时一万四千三百千米的速度飞往木星，这是一个意外的巧合，"伽利略号"正在赶往一个有利于观测"苏梅克·利维9号"彗星的位置。无意间，它与"苏梅克.利维9号"实现了一次事先毫无谋划的"约会"。

四、目睹"彗木大碰撞"

7月16日，苏梅克·利维9号彗星的第一块碎片砸向木星，它比人们预计的时间晚了6分钟，而此时，"伽利略号"离木星2.39亿千米，正处在有利的观测位置上。

7月16～17日两天里，彗星的4块碎片相继撞向木星。当第一块碎片砸向木星时，火球上升到距木星表面1000千米的高空，释放的能量相当于 2000 亿吨 TNT 炸药的威力（图 4.7），并留下了地球大小的撞击斑痕。在以后的 6 天里，这样的撞击接二连三地发生。7 月 22 日 8 时 12 分，最后一块碎片撞向木星，爆炸的亮度达到木星南极极冠亮度的 400 倍，这场天文大戏终于以大爆炸的形式辉煌地落幕。

虽然撞击点在木星背

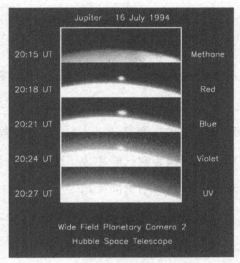

图 4.7 哈勃太空望眼镜拍摄的苏梅克·利维 9 号彗星第一块碎片砸向木星时的情景

向地球的一面，地面上只能观察到木星的卫星和木星环的反射闪光，但"伽利略号"直接看到了它。在此后的两个月里，一些很小的碎片继续砸向木星。这次撞击使科学家们收集到大量数据，它成就了人类研究木星和太阳系的一次大好机会，而这一切都是在"伽利略号"的眼皮底下发生的，它和哈勃太空望远镜、哥伦比亚航天飞机一起见证了整个过程（图 4.8）。

图 4.8 "伽利略号"拍摄的苏梅克·利维 9 号彗星第一块碎片砸向木星时的情景

"伽利略号"的使用寿命只有8年，按说到1997年就该退役了，然而人们觉得还没有把它使用到极限，所以1997年以后，它被三次延长使用年限。2002年1月，燃料即将耗尽的"伽利略号"再一次飞越木卫一。"伽利略号"对这颗星球是那样地熟悉，因为这已是它第6次飞越这颗星球了。2月，美国航空航天局对"伽利略号"进行评估后认为它已经完成了预定的科学探测任务，而由于燃料即将用尽，在木星引力的作用下，它的运行轨道可能发生改变，这将导致它与木卫二相撞。

五、别了，"伽利略"

"伽利略号"与木卫二相撞是科学家们非常不愿意看到的事情，因为正是"伽利略号"告诉人们木卫二的冰层下可能隐藏着一个巨大的海洋，而那海洋中还可能存在生命。但"伽利略号"出发前并没有经过消毒，当时的人们认为，木星系统的环境极端恶劣，不可能有生命存在。然而到了2003年，人们的观点发生了改变，他们意识到微生物的生命力非常顽强，有些东西是可以在极端恶劣的条件下存活下来的，而"伽利略号"一旦撞上木卫二就可能把地球微生物带上木卫二，这将影响未来在这颗星球上寻找地外生命的工作。

因此，为了避免探测器上可能携带的地球微生物污染木卫二，科学家们改变了原定的让"伽利略号""自然死亡"的计划，决定操控它撞向木星。

2003年9月21日，一千多名代表聚集在美国航空航天局喷气推进实验室为"伽利略号"木星探测器隆重送行，这些人多与"伽利略号"共事多年。"伽利略号"计划的参与者，科学家罗莎·露普丝说："我非常难过，我生活中的很多时间都是陪伴'伽利略'度过的，它是我的老朋友，而现在，我不得不跟它说再见了。"这位科学家道出了在场所有人的心声。

12 时 49 分，接到人类最后一道指令的"伽利略号"脱离木星轨道以大约每小时 17 万千米的速度撞向木星，它永远消失在木星狂暴的大气层中。

52 分钟后，地球上的人们收到"伽利略号"发回的最后一个探测数据……

从最初发射到坠毁，"伽利略号"总共飞行了 46 亿千米，它向地球传回了 30 亿字节的数据，包括 14 000 张图片。它首次从一颗小行星身边飞过并拍下了它的近照，首次发现了带有卫星的小行星，首次完整地观测了彗星撞击行星的全过程。它告诉人们木卫二、木卫三和木卫四都拥有液态的盐水层。它也是第一艘围绕外太阳系行星运行的太空飞行器……"伽利略号"是真正的"木星专家"，尽管它的寿命只有 14 年，但它告诉人类的有关木星的知识却前所未有地丰富。

图 4.9　"卡西尼号"土星探测器途经木星时拍摄的木星和木卫一

图 4.10　"新地平线号"冥王星探测器途经木星时拍摄的木星和木卫一

除了"伽利略号"和此前的一些探测器外，"伽利略号"以后的"卡西尼号"和"新地平线号"也相继顺道访问了木星系统，并为木星拍下了精美的图片（图4.9、图4.10）。

接下来，让我们借助太空探测器的引导感受一次精彩的木星之行吧。

第二节　揭秘木星风暴

一、没有一寸落脚的地方

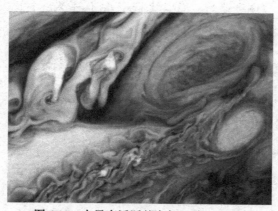

图4.11　木星有活跃的大气运动，这是"旅行者1号"拍摄的"大红斑"和其周围的风暴系统

你眼前的世界是超自然的，闪电不断，暴雨倾盆，高达48千米的塔状云团一面翻滚聚集，变幻无常，一面被时速160千米的风驱赶着在天空中狂奔。那云团比地球上的高三倍，闪电的强度是地球上的10倍，雷暴的范围超过960平方千米。是的，这里不是地球，欢迎你来到木星（图4.11）。

木星的外表有一些带状的花纹，像一个长满铁锈的大盘子。接近它，会首先进入它那浓密的大气中，其主要成分是氢、氦、氨、甲烷和水汽。大气层的下面是木星的主体，那是气态的氢和氦，其中氢约占90%，氦占10%，还有一些氨和甲烷。气体的下面有一个巨大的液态氢海，氢海的下面还有一个岩质的核，岩核的正中心可能是一个金属球，由铁和镍组成。

木星的主体只是一些气体，所以没有一寸落脚的地方，只能不停地往下坠，往下坠，没完没了……1995年7月13日，当"伽利略号"木星探测器释放了它的子探测器后，这枚子探测器便于二十几天后一头扎进了木星的大气层中。从它发回的数据中，人们知道了它在木星上的遭遇。在离木星5万千米的地方，它发现了强烈的辐射带，然后是云层。在云层的下方，它遇到极强烈的风，风速达到每秒150米。

这枚探测器发回了57分钟的探测数据，深入木星大气层160千米，这以后，它继续向木星的深处坠落，最终化为木星的一部分。

二、风暴形成之谜

木星的风暴在地球上用望远镜就能看到，它们的形态与我们地球上的风暴并没有很大区别，包括大型气旋、反气旋、高速弯曲的风流、一些无法预知的湍流等，这些运动在地球的风暴中并不少见（图4.12）。

但木星是独特的，它和地球风暴的最大不同表现在驱动力上。在地球上，风暴的热驱动力来自太阳，然而在木星上，这种驱动力就变得微弱了，因为木星远离太阳，比地球离太阳的距离远5倍，所以它接受到的阳光就十分微弱，不足以驱动木星上如此暴虐的风。那么木星风暴是如何形成的呢？

20世纪70年代，"先驱者号"系列探测器飞掠木星（图4.13），它们发现，木星具有"自给自足"的内部热源，因为探测器测出木

星的辐射量大于它所接收到的太阳辐射量，这一发现为解释木星的大气运动提供了重要依据。

图 4.12　木星和地球。木星风暴和地球上的风暴在形态上很相似 图 4.13　"先驱者 10 号"飞掠木星

　　人们发现，木星最强劲的风并没有存在于大气层的最高处，而是出现在大气层的深处，这种现象可以解释木星的热量并没有主要地来自远方的太阳，而是更多地来自木星本身，它们由内向外影响着木星的气候，同时也驱动那里的风。

　　也许木星内部的热量产生于它形成的时候，它们在随后的岁月里持续不断地释放出来，并驱动了木星上蔚为壮观的风暴系统，还给广阔的地区带来强烈的降雨。

　　三、"大红斑"猜想

　　木星上最令人惊讶的风暴是木星大红斑，它位于木星南半球，有好几个地球大。自 1665 年大红斑被发现以来，它就一直在那里。

　　大红斑的颜色是个谜。有人认为，它的红色来自木星大气中的硫化物，但也有人认为它是某种环境变化导致的结果，可能与温度的变化很有关系。另一个谜题是，大红斑怎么能存在这么长的时间呢？它还会持续多长时间？几十年来，人们都在为这些问题寻求答案。

一个风暴系统要持续地存在，它必须不断地得到能量的补充。在一些星球上，大气中的喷流常常发展成旋流，地球上的龙卷风就是这样，大红斑也是，只不过大得多而已。天文学家们曾经认为，大红斑是靠"吞噬"从喷流中甩出的较小旋流而获得能量的，然而如果仅是这样，大红斑就不足以维持很长时间，所以人们一直以为，大红斑就要消失了，出版物上总是在预测大红斑将会如何消失。

然而大红斑却一直存在，这令人十分困惑，于是有科学家另辟蹊径，他们引入了气流的垂直流动，这样一来，气流便从大红斑的顶部和底部流出来，它们"吞噬"附近的喷流，再进入大红斑中，如此循环。由于垂直流动不断地把大红斑上面的热气流和下面的冷气流重新带入大红斑中，且附近的旋流也不断地进入大红斑，因而大红斑就能持续地得到能量了。

不过人们还是发现大红斑确实在缩小（图4.14）。它真的在消亡吗？它如何存在了几百年？还能存在多少年？这些问题依然没有确切的答案。

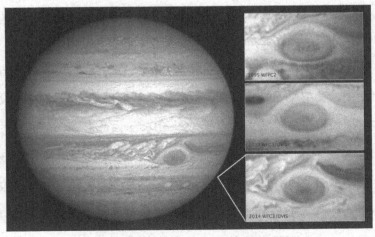

图4.14 木星"大红斑"确实在缩小

第三节　走近"火山王国"

一、火山！火山！

木星有 4 颗大卫星，都是伽利略发现的，是人类用望远镜发现的第一批卫星，它们依照距木星由近到远的顺序分别为木卫一、木卫二、木卫三和木卫四，人们用古希腊神话中诸神的名字将它们命名为"艾奥"、"欧罗巴"、"盖尼米得"和"卡利斯托"（图 4.15）。

图 4.15　木星的四颗大卫星：木卫一、木卫二、木卫三、木卫四（从左到右）

在伽利略以后的几百年里，木星的卫星被不断发现。2003 年，天文学家们发现了 23 颗木星的新卫星，使那一年木星卫星的总数达到了 49 颗。人们推测，一些众多的外围小卫星大约多是路过的小行星和彗星，它们被木星巨大引力捕获后成了木星的卫星。

木卫一是离木星最近的卫星，又叫"艾奥"，颜色鲜艳。在古希腊神话中，艾奥是河神的女儿，受到宙斯（即"朱庇特"，在罗马神话中宙斯被称作朱庇特）的宠爱（图 4.16），由此遭到天后赫拉的嫉妒和迫害。为了保护艾奥，宙斯将她变成一头小白牛。赫拉识破其计，逼宙斯将小牛作为礼物送给她。宙斯无奈，只好照办。赫拉得到小牛后便将其交给阿尔戈斯看管。阿尔戈斯是百眼巨神，有 100只眼睛，一半眼睛睡觉的时候，其余的眼睛就睁着，所以艾奥无法逃脱。后来宙斯让赫耳墨斯哄骗阿尔戈斯入睡，并伺机杀死了它，艾奥这才得以逃脱。经过一番颠沛流离后，艾奥流落到了埃及。

艾奥的身世充满了郁闷和愤怒，很像后来人们认识到的喷发着地火的木卫一。在探测器拍摄的照片上，人们发现木

图 4.16　宙斯和艾奥

卫一的地表非常年轻，很难看到在其他星球上比比皆是的陨石坑，这表明它的表面物质在不断更新，年代久远的地面很快就被新鲜年轻的物质覆盖了（图 4.17）。这是为什么呢？

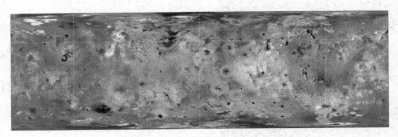

图 4.17　木卫一的表面

1979 年，"旅行者 1 号"接近木星，数据潮水般地涌到美国航空航天局喷气推进实验室，在那里工作的女工程师琳达·摩拉比托因此忙得不亦乐乎。摩拉比托是一位年轻的航天导航工程师，她要使用"光学导航图像处理系统"分析来自探测器的各种数据，其目的是确定探测器的位置以便为它们导航。这一天，摩拉比托正在研究一些来自"旅行者 1 号"的照片，它们是 1979 年 3 月 5 日"旅行

者 1 号"从距木星 27.5 万千米的地方飞掠时拍摄的。无意中，摩拉比托在一张照片上发现木卫一上有一团呈半圆形的烟柱，根据大小判断，它的顶端直达 300 千米的高空。摩拉比托惊讶不已：那是火山的喷发物！木卫一上有正在喷发着烟柱的活火山！

二、它们仍在喷发

就这样，摩拉比托这位年轻的女工程师有了历史性的惊人发现。在这之前，人类从未在地球之外的星球上看到一座正在喷发着烟柱的活火山。因为这个发现，天文学家们将一颗发现于 1981 年的小行星名命为"摩拉比托"。

后来人们在"旅行者 1 号"发回的木卫一照片上找到了 300 多个火山口，有九座火山在同时喷发着冲天的烟柱。人们终于明白了，促成木卫一地表物质不断更新的力量来自喷发的火山，那些火山将地下物质不断地带到地面，从而形成新的地表，所以木卫一的表面总是新的，显得十分年轻。从远处看，高耸的火山、流动的熔岩、暗黑的烟尘和硫的染色作用把木卫一装扮成了太阳系中最红的天体（图 4.18）。

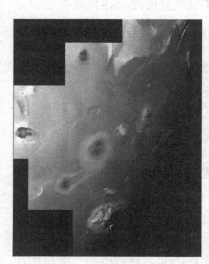

图 4.18 木卫一是太阳系中最红的天体。这是木卫一的南极地区。有斑驳的火山和高耸的山峰

至于陨石坑，木卫一上肯定和其他星体一样频繁地遭受着陨石的撞击，只是新形成的陨石坑很快就被火山熔岩填埋了。

图4.19 木卫一的地表发生了变化（圆圈中）。左图由"伽利略号"于1999年所拍，右图由"新地平线号"于2007年所拍

在以后几十年里，"伽利略号"、"卡西尼号"和"新地平线号"接二连三地考察了木卫一，它们发现木卫一上的火山活动始终没有停止，烟柱冲天，熔岩遍地，火山口星罗棋布。但景观虽然依旧，变化却还是很明显（图4.19）。

1996年6月，"伽利略号"木星探测器"重访旧地"，此时已是"旅行者1号"造访木卫一的17年以后了。"伽利略号"发现木卫一的火山地貌已大有改观，颜色与以往也不尽相同了。后来"卡西尼号"也参与了对木星系统的考察，它在木卫一的北极附近发现了一座新的高达400千米的火山烟柱。以前发现的火山烟柱多半在赤道附近，而这次则在极区，所以亦是一个重大发现。

2007年2月，"新地平线号"在飞往冥王星的途中假道木星，它也顺便造访了木卫一，拍下了木卫一的新照（图4.20）。那些壮丽的

图4.20 "新地平线号"拍摄的木卫一，图片上方显示了正在喷发的特瓦什塔尔火山

火山仍在喷发，此时，离摩拉比托发现木卫一上有火山已经过去 28 年了。

三、大喷发素描

木卫一上最壮观的火山是佩里火山（图 4.21），位于赤道附近，它最引人注目的景观是环绕火山口附近有一个巨环。1999 年 10 月，"伽利略号"飞临木卫一，它看到灼热的岩浆从佩里火

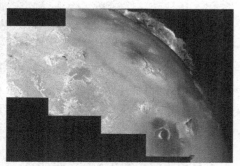

图 4.21　佩里火山（图片中心靠右）

山的火山口流出，黄褐色的硫化物从空中落下后堆积于火山口附近，形成了直径达 1300 千米的巨环。2001 年初，"卡西尼号"又拍摄了佩里火山。在"卡西尼号"拍摄的照片中，人们看到火山烟柱的顶部在太阳光下投下了明显的阴影，这表明它的高度至少在 240 千米以上，否则烟柱的顶部不会被阳光照到。科学家们的判断是，这座火山的烟柱大约有 390 千米高。

图 4.22　洛基火山（右下）

木卫一上的另一座著名火山叫"洛基火山"（图 4.22）。和佩里火山不同的是，洛基火山有一个巨大的火山口，炽热的岩浆日复一日地从中涌出。1999 年，"伽利略号"飞临木卫一时，科

学家们被洛基火山的气势所震撼，他们意识到洛基火山规模巨大，也许是太阳系中最强劲的火山。人们推测，这座火山可能拥有一个熔岩湖，里面的熔岩周期性地得到补充从而经久不绝。假若木卫一上布满这样的岩浆湖，它们完全可以在木卫一上制造一个新的地壳。

1979 年，当"旅行者 1 号"飞临木卫一时，它还探测到了一道冲天的烟柱，像一个竖立的羽毛在下方投下巨大的阴影，这道烟柱成了普罗米修斯火山的标志物。普罗米修斯火山的火山口也十分庞大，长 28 千米，宽 14 千米。在以后的探测器发回的照片中，这道烟柱始终存在于那个地方，只要看到它，人们便能一眼认出，并称它为"普罗米修斯的羽毛"（图 4.23）。

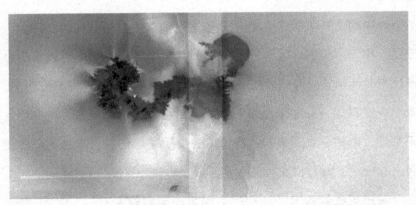

图 4.23　普罗米修斯火山和它的冲天烟柱。人们称那烟柱为"普罗米修斯的羽毛"。图中上方一块近似半月形的暗区是普罗米修斯火山

然而相比之下，一道更壮观的羽状烟云甚至让"普罗米修斯的羽毛"也相形见绌，它升起在木卫一上一个火山密集区，称为"特瓦什塔尔火山"，它喷发着高达 290 千米的羽状烟云，其周围也有一个被落下的喷发物堆积而成的大圆环。人们推测，特瓦什塔尔火山的喷出物升到高空后又纷纷凝结成固体的"硫黄雪"，它们中的

一部分落下来，而另一部分则径直进入到了太空中。当年"伽利略号"就曾从这种由熔岩和火山灰冻结而成的"硫黄雪"中冒险飞过。

四、火山天然实验室

木卫一为什么如此"愤怒"？导致它喷发的能量来自哪里呢？今天，人们对这个问题已经找到了答案。原来，尽管木卫一距木星的距离与月球距地球的距离近似，但木星的质量却是地球质量的318倍，这样一来，对于木卫一而言，它就承受着比月球大得多的来自木星的潮汐力。不仅如此，木卫二和木卫三也对木卫一形成了一种交互性的引力关系：木卫一的公转周期是木卫二的两倍，而木卫二的公转周期又是木卫三的两倍，它们之间存在一种固定的共动关系。于是，由于木卫二、木卫三和木星的共同作用，木卫一便被潮汐力撕扯得时而延长时而缩短，其幅度可达100米。在潮汐力的作用下，木卫一变得像一只能伸能缩的橡皮球，它的内部在伸缩运动中产生了摩擦，摩擦孕育了热能，星体内的物质被熔化，它们从地表喷涌而出，形成了蔚为壮观的火山喷发。

木星系统对木卫一的潮汐力深刻地影响着木卫一，但反过来，木卫一的大喷发也影响着整个木星系统。天文学家们用哈勃太空望远镜在木星的极地上空观测到了明亮的斑点，那是木星上的极光（图4.24）。然而木星极光和地球极光不同，它发端于木卫一上的火山喷出物，这些喷出物以极高的速度飞往木星并在高速飞行中成为带电粒子。当这些粒子来到木星附近后，它们便在磁场的作用下涌向两极并与大气分子发生作用，从而产生了木星极光。另外，那些

喷出物中的相当一部分还可能汇入到了木星环中。

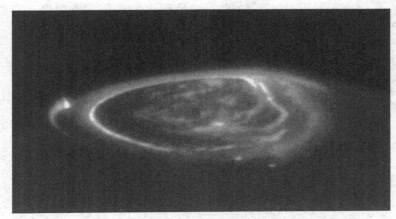

图 4.24　木星极光

木卫一是一颗非常独特的星球，它是太阳系中难得的"火山天然实验室"，它为我们研究地球上的火山提供了生动直观的"活标本"，也帮助我们见识了早期的地球。当我们看到木卫一时，地球诞生之初的某些景象也许就呈现在我们的眼前，它非常像年轻时的地球。

第四节　木卫二的冰下海洋

一、飞掠木卫二

在伽利略卫星中，离木星第二近的卫星是木卫二，其大小和月亮差不多。1979 年，"旅行者号"对其有过探访，发现木卫二看上去很年轻，只有很少的环形山，表面冰层覆盖，光洁平整，有些区域很像地球上冰冻的海洋，那些冰层的下面是否有液态水呢？

"旅行者号"无法回答这个问题，它们对木卫二只是匆匆一瞥。相比之下，"伽利略号"的探测就仔细多了。"伽利略号"仔细打量

图 4.25 "伽利略号"拍摄的木卫二

了木卫二（图 4.25），它看到木卫二冰面上的地形非常复杂，有许多纵横交错的条纹，似乎是一些凹糟和裂缝（图 4.26）。"伽利略号"还发现，冰面上好像有一些冰山，像是从凹糟处断裂而成，冰面的特征也与地球海洋的冰面很相似（图 4.27）。

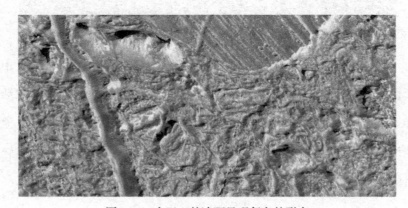

图 4.26 木卫二的冰面呈现复杂的形态

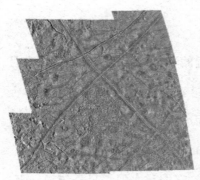

图 4.27 木卫二的表面特征与地球上的冰冻海面相似

2000 年 1 月，"伽利略号"在距木卫二约 350 千米的地方飞掠时又探测到木卫二磁极点的位置发生着变化，表明木卫二可能存在一个液体的传导层，正是它导致了磁极点的变动。假若这个猜想是正确的，那么木卫二的液态水体应该非常大，比太平洋、大

西洋和印度洋的总和还要大，水量是地球水量的 3 倍。

然而木卫二远离太阳，表面极为寒冷，温度为零下 160℃。在这样寒冷的地方怎么会有液态的海洋呢？

前面说到，木星系统中存在巨大的潮汐力，它使木卫一的内部产生巨大的热量从而引发了蔚为壮观的火山喷发，同样地，这种潮汐力也会影响木卫二，使木卫二的内部温度升高，从而释放热量使海水保持液态。事实表明，木星系统的潮汐力对木星卫星的影响是非常深刻的。

二、有生命吗？

人们推测，太空中的陨星撞击木卫二时会产生放电现象，如果木卫二的冰层中含有简单的有机物，它们就有可能在放电过程中化合成氨基酸和构成蛋白质的原材料。那么木卫二的海洋里会有生命吗？那些生命有多高级？是微生物，还是鱼呢？

木卫二冰冻的表层好像并不厚，冰面的裂缝可以使气体、热量和有机物接触表层之下可能存在的水，这种情况很像地球上的北冰洋。另外，当木卫二沿环绕木星的轨道运行时，潮汐力会使木卫二的核心保持熔融状态，从而能引发海洋中的火山活动。

假若有火山活动，那木卫二的海底就有可能隐藏着温暖的热喷口，这种热喷口，人们已经在地球上见识到了（图 4.28）。1977 年，"阿尔文号"潜水艇在加拉帕戈斯群岛附近的海底裂谷中首次发现了海底热喷口。在热喷口周围的水里生活着多种蠕虫和细菌。许多人不相信这个事实，哪里没有光，温度极高，压力极大，生命怎么可能在如此恶劣的环境中生存呢？然而眼前的事实又如此真切，令人

图 4.28 地球上的海底热喷口，人们形象地称之为"黑烟囱"

不得不相信。是的，黑暗、高温、高压在木卫二上都存在，但如果它的海底也存在热喷口的话，它们就会喷出热量和养料，原始生命在这样的环境中是可以生存的，就像在地球上的海洋中一样。

正是因为相信木卫二上存在生命，为了避免将地球微生物带到木卫二影响未来在这颗星球上寻找地外生命的工作，科学家们才主动操控"伽利略号"撞向了木星。

三、进入冰下海洋

其实，除了木卫二以外，"伽利略号"还发现木卫三和木卫四的地表之下也可能存在液态水。木卫三和木卫四都是卫星中的大个子，其中木卫三是太阳系中最大的卫星（图4.29），体积是火星的四分之

图 4.29 木卫三（左下）与地球、月亮的大小比较

三，比水星还要大一些。2000 年 5 月，"伽利略号"来到距木卫三仅 800 多千米的地方，它用磁力计对木卫三进行了探测，还拍摄了许多清晰的照片（图 4.30）。这次探测表明，木卫三的冰层之下也有

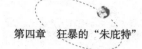

可能隐藏着液态的咸水，水温在零下 55℃ 左右。由于星球内部的高
压，这个水层并没有结冰。不过木卫三液态水所处的位置比木卫二
深得多。

木卫四的个头仅比木卫三小一点，表面都是陨石坑（图 4.31）。
1998 年，"伽利略号"发回的数据显示，木卫四的磁场也随着木星
的转动而波动不定，这预示木卫四地表之下同样可能隐藏着一个含
盐的海洋，但木卫四的海洋里充满了密集的冰块和岩石，它们阻止
了热能的流动，使木卫四上存在生命的可能性很渺茫（图 4.32）。

图 4.30 "伽利略号"拍摄的木
卫三

图 4.31 "伽利略号"拍摄的
木卫四，表面有很多陨石坑

相比之下，科学家们更愿意将搜索地外生命的目标瞄准木卫
二。他们相信，木卫二的地下海水偶尔会通过冰壳的裂缝涌出来，
如果水里存在生命，其尸体就会冻结在冰里，探测仪器有可能发现
它们。

人们还考虑在未来制造一个探测器潜入到木卫二的冰下海洋中
（图 4.33）。一旦进入到冰下，这种潜水机器人就能在木卫二的冰下
海洋中遨游，它的动力是核能，速度极快，行程达几千千米。它自

已采集水样，用显微镜分析样本，摄取图像，因此人们也许会依靠它发回的图像第一次见识地球之外的生命。接下来还会发生什么，人们只好拭目以待了。

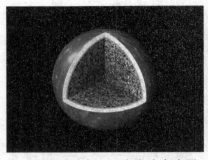

图 4.32　木卫四也有液态水层，充满了密集的冰块和岩石

图 4.33　一个探测器潜入到木卫二的冰下海洋中

第五节　木星在保护我们吗？

一、木星上的新疤痕

木星拥有巨大的引力，它不仅影响着绕木星运行的众多卫星，同时也与我们地球的安危密切相关。有一种观点认为，木星是地球的"保护神"，一直在发挥着一种"真空吸尘器"的作用，它利用强大的引力将来自太阳系外围的可能对地球构成威胁的天体吸向自己，将太阳系中的危险物体抛射出去，从而保证了地球的安全。

这种说法正确吗？事实证明，木星确实将一些天体引向了自己，所以在木星上可能频繁地发生着撞击事件，这类事件的发生甚至比人们此前的预测还要频繁，因为就在苏梅克·利维 9 号彗星撞击木星的 15 年之后，人们又发现了一次"撞木"事件。

那一天是 2009 年 7 月 19 日，家住澳大利亚一座小镇的业余天文学家安东尼·卫斯里用他家后院的一架 37 厘米口径的望远镜观测木星。卫斯理说："我原想观测的是'大红斑'，那时它在木星的可视面内，很漂亮。我差一点错过了那个靠近南极的暗斑，然而当我看到它后，我的注意力便转向它了。"

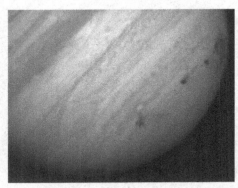

图 4.34　苏梅克·利维 9 号彗星撞击木星后留下的疤痕

卫斯理起初认为，那暗斑是木星上的又一个风暴，然而，随着木星的旋转，当那暗斑朝向了地球的时候，卫斯理发现它是一个撞击后留下的疤痕。这位业余天文学家说："我看到过苏梅克·利维 9 号彗星撞击木星的疤痕（图 4.34），所以我知道它们应该是怎样的。当我确定那真是一个撞击的疤痕后，我几乎不会使用电脑了，我的手直发抖，我完全无法相信这是真的。"

卫斯理迅速将拍好的照片用电子邮件发给他的朋友和他分布于全球的同好们。在此后的几个小时里，全世界许多大大小小的望远镜都将镜头转向了木星，并拍下了那个疤痕的许多照片。

7 月 23 日，哈勃太空望远镜也为那个疤痕照了一张相。像往常一样，"哈勃"的照片总能抢尽风头。照片显示一个暗黑色的由碎片云构成的大漩涡（图 4.35），

图 4.35　"哈勃"拍摄的由碎片云构成的撞击疤痕，其长度达 8000 千米

它就处在木星大气顶部一个自然风暴的旁边。由于木星极区的风速达到每秒 25 米，这些风吹散了碎片云，使它变得更大，也使卫斯里即使在自家的后院里也能用望远镜看到它。天文学家们认为，那个撞击木星的彗星或者小行星的直径大约为几百米。假若这样大的物体撞上了地球，那将毁灭很大一片地区，假若它掉进了海里，那将引发可怕的海啸。

二、也是"发射器"

今天人们意识到，对于地球来说，木星的确是一颗非常重要的星球，因为它巨大的引力强烈影响着太阳系和地球附近的太空环境（图 4.36）。然而，对于地球而言，木星可能并不仅仅是"保护神"，因为它一方面确实把太阳系中的许多危险天体"清理"了出去，但另一方面，它也把另外一些危险天体吸引了过来，所以对于地球来说，这颗巨行星的保护作用和它构成的威胁是同样巨大的。

图 4.36　在太阳系的行星中，木星的个头最大，它的引力强烈影响着太阳系和地球附近的太空环境。这幅图清晰地展示了太阳系八颗行星的大小。从左到右分别为：水星、金星、地球、火星、木星、土星、天王星、海王星

例如莱克塞尔彗星，它是以瑞典天文学家安德斯·莱克塞尔的名字命名的。1770 年，这颗彗星从地球旁边掠过，距地球仅 160

万千米，在天文学家看来，这离撞上地球只有毫厘之差。本来，莱克塞尔彗星是在外太阳系运行的，三年前飞近了木星，然而正是因为木星，它被弹进了新的轨道，并径直朝地球飞来。

这颗彗星两次掠过太阳后于 1779 年又一次飞近木星，这一次，木星把它重新抛向了外太阳系。假若不是木星把莱克塞尔彗星抛向地球，它压根儿就不会靠近我们。这种情况让人觉得，木星仿佛是瞄准了地球，并"发射"了莱克塞尔彗星，只是没有打中而已。

三、木星的"两面性"

所以木星对地球有时"关爱有加"，有时又"冷酷无情"。为什么它如此捉摸不定呢？原来，在地球的外围存在着三个隐藏着大量危险小天体的地方，它们分别是小行星带、柯伊伯带和奥尔特云。

前面说到的莱克塞尔彗星、苏梅克·利维 9 号彗星都来自柯伊伯带（图 4.37），那个地带位于海王星轨道以外，有大量冰状彗星呈带状分布着，木星的存在很有可能使地球更明显地暴露在那些彗星的面前，从而把地球推向危险的境地。

更为糟糕的是，除了柯伊伯带外，太

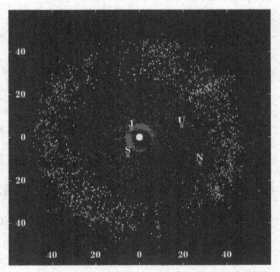

图 4.37 柯伊伯带。蓝点显示位于柯伊伯带中的"柯伊伯带天体"。四个红点分别是木星、土星、天王星、海王星

阳系中还有一个更危险的地方威胁着地球，那就是位于火星和木星之间的小行星带。由于木星重力的影响，小行星带上的原始星子有时会发生碰撞，其中的有些也会弹向地球。

事实上，这样的事情已经发生过。大约一千万至一亿年前，一颗直径为 45 米的由铁和镍组成的星体砸到了美国北亚利桑那州的沙漠上，撞出了一个直径为 1.2 千米，深 175 米的大坑，这就是闻名于世的巴林格陨石坑（图 4.38），这个陨石坑保存得非常完好。据推测，那颗陨石重达几十万吨，冲向地球时的时速达 6.4 万千米，释放的能量等同如两千万吨炸药爆炸时产生的能量。这个不速之客，说不定就是我们的行星朋

图 4.38　巴林格陨石坑

友，号称"行星之王"的木星送给地球的礼物。

然而，如果我们谈的是奥尔特云，木星就起到保护地球的作用了。奥尔特云处在柯伊伯带的更外围，是一个更大的彗星库，拥有多达十万亿颗彗星，一些长周期彗星就来自那里（图 4.39）。它像一个球体云似地包裹着太阳系，其厚度是冥王星和太阳距离的千余倍，距离太阳约一光年。对于地球来说，奥尔特云是一个更加危险的地方，因为每过一段时间，由于路过的恒星和星云的影响，那里的彗星就会脱离原来的轨道向着内太阳系飞来。这种时候，木星就有可能担负起保护地球的角色了，它使一些彗星偏离原来的轨道，从而远离地球或者砸向它自己。它的保护作用还表现在它清除了早期太

阳系中的许多天体碎块，将它们扔向外太阳系，从而减少了地球遭
受撞击的危险。

图 4.39　一颗被认为是来自奥尔特云的长周期彗星：海尔·波普彗星

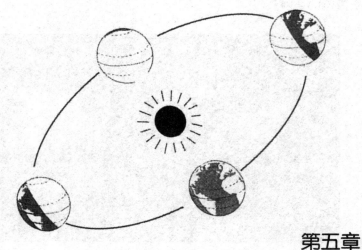

第五章

土星的奇幻世界

第一节　土星环传奇

一、介绍一下宏伟的土星环吧

"伽利略号"任务结束后，人类探索太阳系的步伐并没有停止。一年以后，也就是 2004 年 7 月的一天，在一次新闻发布会开始的时候，美国航空航天局的一位发言人忽然对大家说："地球的居民们，现在让我来介绍一下宏伟的土星环吧。"

原来，一艘名叫"卡西尼号"的土星探测器此时已经进入到了土星轨道，并传回了 61 张土星环的照片。照片清晰异常，显示了土星环轮廓分明的边缘和环内成波纹状的结构。

　　"卡西尼号"是1990年开始研制的，耗资32亿美元。1997年10月15日，这艘重达五吨，个头足有两层楼高的土星探测器带着人们无限的遐想和期待踏上了飞往土星的漫长旅程（图5.1）。"卡西尼号"载有十几种探测仪器，包括各类照相机及可见光、红外线、紫外线光谱分析仪、离子和中性粒子质谱仪、雷达、各种磁场测量仪、宇宙尘埃分析仪等。

　　1998年4月，"卡西尼号"掠过金星，获得第一次加速。随后绕太阳公转一周，于1999年6月再次飞掠金星，获得第二次加速。8月，它飞过地球附近，获得第三次加速。2000年12月，"卡西尼号"飞掠木星，获得最后一次加速后直奔土星而去（图5.2）。

图5.1 "卡西尼号"即将发射

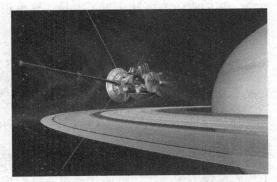

图5.2 "卡西尼号"进入环土星轨道

二、不相信自己的眼睛

　　土星位于木星的外围，是一颗体积仅次于木星的气体行星，主要组成是氢，有一个固体的核。和木星一样，土星的大气也是动荡的。有一次，人们在土星的南极附近观测到一个狂怒的风暴，它和地球上的风暴相像极了，但比地球的风暴大好多倍。这个风暴有一

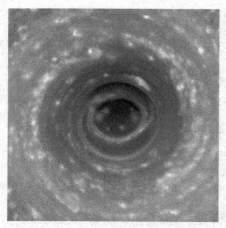

图 5.3　土星南极附近一个狂怒的风暴

个明显的中心，称为"风暴眼"。"风暴眼"的内壁是一堵由云组成的"墙"，它的形态和地球上的飓风很相似，却比地球的飓风大好多倍，这是人们首次在地球以外的一颗行星上看到了一个与地球飓风如此相似的风暴（图 5.3）。

土星除了动荡的大气外，还拥有庞大的卫星群和漂亮的光环。光环的存在使人类对土星极为好奇，它的吸引力因此超过了木星，这也正是人们不惜重金建造昂贵的"卡西尼号"探访它的一个重要原因。这艘探测器的飞行里程长达 32 亿千米，费时 7 年。慢慢长途，千辛万苦，它最终不负众望，完成了对土星及其卫星以及土星环的大量探测。

"卡西尼号"最早传回的土星环照片显示了土星环的结构和环的边缘，但因是从土星环黑暗的一侧拍摄的，只有黑白二色且因电子干扰而模糊不清。第二批照片比第一批晚到两个小时，是"卡西尼号"从土星环的一个缝隙中穿到另一侧后拍摄的。由于被阳光照耀，这一侧的图像非常清晰，显示了土星环更为明亮的边缘和环缝的更多细节。那宽窄厚薄各不相同的土星环十分明亮，边缘轮廓非常分明，有些还呈现了圆齿的边。据说"卡西尼号"项目小组的负责人卡罗琳·波尔科在刚刚收到这些照片时不相信自己的眼睛。她说："这些照片清晰得让人惊讶，我甚至以为是我的组员在用模拟图跟我开玩笑。这些土星环看起来毫无瑕疵，就像假的一样——但

确实是真的。"

三、土星环非常薄

"卡西尼号"土星探测器还运行到一个可以俯视整个土星环的轨道平面上，这使它发回的照片能够展示环系的全貌，使明亮的土星环一览无余。只见它环环相映，环缝相连，仿佛一圈圈色彩靓丽的跑道环绕着中间巨大的土星（图5.4）。此前人类从未以这样的视角观察过土星环，科学家们因此十分激动。

图5.4　土星环像一圈圈色彩靓丽的跑道环绕着中间的土星

土星环的很多地方是由块状物构成的，但它给人的印象却平滑明亮，且其薄如纸。事实上，土星环的确非常薄，多在几米到几十米不等。假若你要做一个直径为一米的土星模型，那么土星环的厚度就要做得比剃须刀片还要薄一万倍才行。

"卡西尼号"的探测使人类对土星环有了新的认识，原来土星环的结构极为复杂，它的内侧多尘埃，外侧以水冰为主。它的主环根据离土星从近到远的顺序分别被命名为D、C、B、A、F、G和E（图5.5、图5.6），然而事实上，土星环可以说多得数不胜数，仿佛一张巨大无比的密纹唱片，其上的光环成千上万，不可胜记。

关于土星环的形成，现在的观点有两种。一种是由法国天文学家爱德华·洛希提出的，他认为土星环曾经是土星的一颗卫星，后因轨道离土星太近而被土星的潮汐力撕裂，从而形成了光环。第二种

观点则认为，土星环是土星形成之初原始星云的一部分。这两种观点都有道理，但"卡西尼号"传回的数据更倾向于支持后一种观点，人们因此认为土星环和土星应该产生于同一时期。

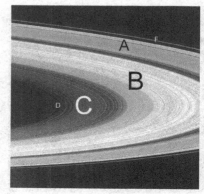

图 5.5　土星环的主环（G 环和 E 环在更外围，未在图中显示）

图 5.6　这幅图显示了土星环的外侧，G 环和 E 环都很模糊，在土星环的最外围

土星环堪称太阳系形成早期气体和尘埃的缩影，所以"卡西尼号"对土星环的探测也为解释太阳系的起源及演化提供了丰富的线索。

四、光环与卫星相互影响

假若土星环是土星形成时原始星云的一部分，那么洛希的理论错了吗？行星的卫星能不能转变成环呢？答案是，洛希没有错，卫星的确可以转变成环，而这个答案也正是"卡西尼号"提供的。在"卡西尼号"传回的数据中，人们至少在土星的一条光环——G 环上找到了足以验证这种理论的依据。

G 环位于土星环的外侧。1979 年，"旅行者号"飞经土星时发现了这条环。环的附近就是土卫一，它离 G 环只有一万五千千米。后来，借助"卡西尼号"发回的数据，科学家们又发现，G 环的内侧有一道明亮的弧状结构，由直径数十米的块状物构成（图5.7），这些块状物在不断地碰撞中组成了G环的一部分。那么这些物体是怎么来的呢？原来G环内存在过一颗卫星，但不知什么原因，它解体了，演化成了

图5.7　G环内侧有一道明亮的光弧，由卫星解体后的物质组成

环，而"卡西尼号"恰巧看到了这个演化过程的最后一幕。

与G环相邻的F环也是科学家们极感兴趣的一条光环，它是七条环中的第五环，是一条狭窄的环。这个环的奇特之处在于时常改变外形变成一种纽结的形态。这又是怎么回事呢？原来，这个环的内侧和外侧分别存在着一颗小卫星，它们是土卫十六和土卫十七（图5.8）。这两颗卫星的共同作用束缚和挤压着F环，而土卫十六还沿着一个椭圆的轨道穿行于F环，每次穿行都会在F环上拖出一道沟（图5.9），由此产生的引力使F环弯曲和拉伸，从而扭结成一个螺旋的形状。

图5.8　F环和它两侧的土卫十六（处于图中间）、土卫十七

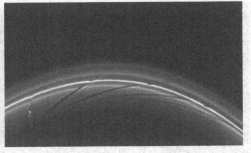

图5.9　土卫十六（在图左边的环中）穿行于F环，每次穿行都会在F环上拖出一道沟

五、"辐射条纹"与其他

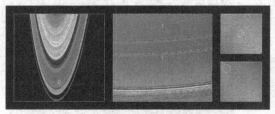

图 5.10　A 环中有很多块状物，直径多为 100 米左右。这幅图显示了多个这种物体和它们在星环中的位置

和 F 环一样，土星的 A 环也吸引了科学家们很多关注，因为他们在 A 环中频频发现了新的块状物，这些物体的直径多为 100 米左右（图 5.10），人们因此认为，土星周围这样的小卫星非常普遍，可能有数百万之多，表明土星环中的物质形态除了较大卫星和较小的颗粒外，这种"中间大小"的物体亦非常重要。

A 环与 B 环仅一"缝"之隔，这个"缝"就是"卡西尼缝"（图 5.11）。跨过卡西尼缝就是宽阔的 B 环。存在于 B 环上的最大谜团是它上面的辐射条纹（图 5.12），它们是一些由静电造成的尘埃云团，像一道道暗淡的阴影，在 20 世纪 80 年代就被发现了。条纹的亮度似乎随土星季节的转换而发生变化，在土星的春秋时节最为明显。对于这些条纹，人们的解释也是众说纷纭：一种解释是，它们产生

图 5.11　"卡西尼缝"分开了土星两个最大的主环，"缝"的内侧是 A 环，外侧是 B 环

图 5.12　B 环上的辐射条纹

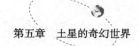

于土星上的雷暴和闪电，另一种解释则归咎于陨星的碰撞或太阳风粒子的冲击。

此外，人们在土星环中还发现了其他新奇的现象。例如D环已变得更暗（图5.13），且向土星的方向移动了一百多千米。土星环的质量实际上比先前的估计更大，且表面更加粗糙等。这些发现很可能彻底颠覆以前人们对土星环起源和寿

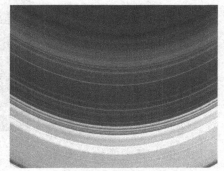

图5.13　"卡西尼号"拍摄的D环（上面的暗黑部分是D环，下面明亮的部分是C环的内侧）

命的认识。前面说道，自"旅行者号"访问土星以来，人们一直认为土星环很年轻，也许就产生于地球上的恐龙时代，然而科学家们现在的研究表明，土星环也很古老。

六、在宇宙中不易见到

认为土星环很年轻的理由部分来源于一种简单的常识：一个物体，假若它光洁明亮，就可能是一个新器物，万物皆同理，土星环虽存在于无垠的宇宙中，却也不应该例外。假若它和土星一样在宇宙中存在了45亿年，那它宽阔的环面为什么没被宇宙中的尘埃污染得黝黑暗淡，却依然光洁如砥呢？所以科学家们曾经认为，土星环并不是总在那里的，它大约产生于一亿年前的一次偶然事件，或许是一颗来自太阳系以外的星球运行到土星附近被土星巨大的潮汐力所撕碎，演变成了一个环；或许是一颗彗星撞上了土星的一颗卫星，它们的碎片环绕于土星，形成了土星环。

然而，随着"卡西尼号"对土星环的观测日益细致，人们发现了新的事实。科学家们使用"卡西尼号"搭载的紫外线图像光谱仪仔细研究了土星环中的颗粒。他们发现土星环实际是很粗糙的，其中的物质大小

图 5.14　土星环内存在大量冰块

不一，有些细于沙粒，有些大于巨石。环里夹杂着大量的冰块（图5.14），它们在环内物质的循环过程中将来自宇宙的污染物稀释和吸收掉了，所以土星环看起来并不暗淡，它可能早在 45 亿年前就形成了，与土星同样古老。

值得一提的是，即便土星环相当古老，并且不会很快消失，这样的环在宇宙中也似乎是不易见到的。现在人们知道，行星有环并不是稀罕的现象。在太阳系里，海王星、天王星、木星都有环，然而它们的环都没有土星环这样明亮，宏伟并且如此复杂。人们至今

图 5.15　土星环的外围还有一个"超巨型"的土星环，它是一个更松散的结构

也没有在太阳系以外找到如此漂亮的行星环，或许它们离我们很远，或许这样的环本来就非常稀有。

人们还用红外望远镜在土星环的外围发现了一个"超巨型"的土星环（图5.15），其大部分物质在距

土星 595 万千米之外展开，一直伸延到 1190 万千米之外的地方。这个环是一个松散的结构，由细小的冰粒与尘埃组成，和前面讲到的土星环很不一样。它是如何来的？对土星系统产生了怎样的影响？本书将在下文揭开这个谜团。

对于土星环的研究意义重大，它有助于人们认识其他气体巨行星的环的行为，这种复杂的环与卫星的互动关系也是人们认识其他行星环的重要依据。

土星环是一个奥秘宝藏，是人类破解星球之谜的一把钥匙。人类对它的认识还将不断地继续下去。

第二节　土卫六的"水世界"

一、土卫之王

土星除了它的环很迷人外，它的卫星也是同样迷人的。土星拥有众多的卫星，这些卫星面目多样、形态各异，人们对它们的兴趣也与日俱增，然而在人类的探测器到达土星之前，人们只发现了十来颗土星卫星。但即使对于这些早期发现的土卫，人们的了解也十分有限，所以"卡西尼号"总能不断带来惊喜。随着探测的不断深入，土卫的世界也越来越清晰地展现在人们的眼前。

夏天正在临近，厚厚的雾气在空中漂浮，浓云密布，暴雨袭来，久旱的土地迎来少见的雨水……多么熟悉的风景啊，这是在地球上吗？不，它是土星的一颗卫星上的风景，这颗卫星和地球相

图 5.16　土卫六。背后是巨大的土星和土星环

距超过 10 亿千米，它就是土卫六（图 5.16、图 5.17）。

图 5.17　笼罩着土卫六极地上空的云层（左图）。右图是地球上空的云

图 5.18　土卫六（左下）是土星最大的卫星。这是土卫六和地球、月亮（左上）的大小比较

在土星系统中，人们最感兴趣的卫星就是土卫六。土卫六又名泰坦，在古希腊神话中，泰坦是一个独眼巨人，而在太阳系的卫星中，土卫六也的确堪称巨人，它的直径达 5150 千米，比水星大，比月亮大很多，接近冥王星的两倍，是土星最大的卫星（图 5.18），堪称"土卫之王"，还一直被认为是太阳系中最大的卫星，直到后来查明了木卫三的直径后，人们才发现它的个头次于木卫三，在太阳系的卫星中位居第二。

二、惠更斯是对的

土卫六是荷兰天文学家克里斯蒂安·惠更斯（图 5.19）发现的。1655 年 3 月 25 日，惠更斯把他的望远镜对准土星，在土星的旁边，他发现了土卫六。1944 年，另一位荷兰天文学家杰拉德·柯伊伯又

图 5.19　荷兰天文学家克里斯蒂安·惠更斯

发现土卫六上拥有大气，这一发现激起了人们对土卫六特别的兴趣，因为这意味着，土卫六可能在很多方面很像地球。

惠更斯还推测其他星球上有水。在惠更斯于 1698 年（这时他已去世）出版的一部著作中，他写道："由于地球和木星都有自己的水和云，那么其他星球就没有理由不同样拥有水和云。我不能肯定那些水和我们的水一样，但想必也是流动的，又清澈又美丽。我们地球上的水假若到了木星和土星上就会立即冻住，因为它们离太阳太远了。所以每一个星球一定有它自己的不会冻结的水。"

土卫六会不会有它自己的"不会冻结的水"呢？这也是今天的天文学家很想搞清楚的问题，所以"卡西尼号"还携带了一个以惠更斯的名字命名的子探测器"惠更斯号"（图 5.20）。2004

图 5.20　组装中的"惠更斯号"

年 12 月 25 日，"惠更斯号"脱离母船"卡西尼号"飞向土卫六。次年 1 月，"惠更斯号"着陆土卫六，它穿过潮湿的云层，浓密的雾团，摄下了河道、海滩和类似岛屿的图像，最后落在了一片空旷的地面上（图5.21）。

从"惠更斯号"发回的图片上看，这艘探测器似乎落在了一条河道附近，河道里似乎不久前还流淌过液体，一些小岩石散布在地上，它们很光滑，浑圆的模样很像地球上河流旁边常见的石头，整个着陆过程和拍下的照片给人最深刻的印象是：土卫六的确非常潮湿。

现在我们知道，土卫六上确实有水，而且还是"流动的"，"又清澈又美丽"，且它和地球上的水

图5.21 "惠更斯号"落在了土卫六一片空旷的地面上，这是它发回的着陆点附近的图像

果真是不一样的。在地球上，水由两个氢原子和一个氧原子组成，然而在土卫六上，那里的"水"是由4个氢原子和一个碳原子组成的，这种东西在地球上被称为"甲烷"，它在地球的环境中是气体，但在土卫六上却是液体，原因就在于这颗星球非常寒冷，在那种极寒的环境中，甲烷变成了液体，它们像水一样地流动。

当时光越过了三百多年以后，人们终于发现，惠更斯是对的。

三、站在土卫六上

由于引力比地球弱，土卫六的大气层比地球厚很多（图5.22），

图 5.22 土卫六有很厚的大气层

其平流层开始于距地表 40 千米的地方并一直延伸到上百千米的高空。大气成分主要是氮，外加一些更具活性的化合物和其他气体。

土卫六非常昏暗，组成景物的材料也让我们感觉怪异，那里的石头由水冰组成，湖水是甲烷和其他碳氢化合物。这种情况不足为奇，活脱脱就是一个太空冰箱。

土卫六的表面温度为零下 180℃，

但土卫六是活跃的，它的大气和地表风景就在我们眼前发生着变化：极区翻滚着风暴（图 5.23），云在雾气中浮动，甲烷的雨落下后沿着河流一样的水道流进浅湖里，巨大的"沙丘"分布在赤道附近，看上去像撒哈拉沙漠。那组成

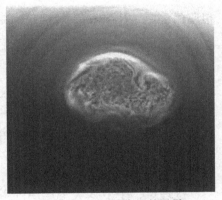

图 5.23 土卫六南极的风暴

"沙丘"的物质并不是我们熟悉的沙子，它是暗色的，很像沥青。土卫六是一个离奇的世界，和我们熟悉的家既有几分相像又极为诡异，难怪行星科学家们称它为"地球的原型，怪异行星的样本"。

站在土卫六上，你会看到一种浓密的橙色雾霭，非常像地球上的烟雾污染。事实上，它与地球上的烟雾污染也的确产生于相同的过程，那就是光化学反应。在地球上的某些工业城市，这种烟雾时有发生，它来源于低层大气中氧、氮和碳氢化合物在阳光作用下发

生的化学反应。但在土卫六上，这样的光化学反应开始于大气的顶层，大约距地面 1000 千米，在那里，来自阳光的紫外线光子和宇宙射线引发了甲烷和氮分子之间的化学反应，从而生成了碳氢化合物和氰化物。这些物质在下降过程中进一步发生化学反应并最终生成了一种复杂的化合物，科学家们称之为"索林斯"，它是一种大而复杂的有机分子，是有机生物分子的前身。人们对索林斯的了解还相当少。

四、春天的甲烷雨

在土卫六上，当索林斯降到大气的低处时，它们便形成了一个很厚的层面，这个层面会阻挡太阳紫外线，影响大气环流和气候变化，再接下来，它们中的粒子会进一步增长并最终在接近地表的由氮和甲烷组成的大气中稳定下来。索林斯也可能曾经降落到我们早期的地球上，但它们并没有像在土卫六上这样"定居"下来，因为地球上的氧在大约 20 亿年前就变得丰富起来，索林斯遭到破坏，便从地球上消失了。

按理说，土卫六大气层中的甲烷应该早在 1500 万年前就被光化学反应消耗殆尽了，但奇怪的是这种事并没有发生，所以土卫六如何维持它的大气层还是一个谜，也许它还拥有正在喷发着甲烷的间歇泉和火山，只是"卡西尼号"没有发现而已。甲烷会改变土卫六的气候，尤其是当它变得浓密时，土卫六就会非常潮湿。这表明，在土卫六上，下雨是一种时常发生的天气现象，而且那雨可能比地球上大得多，所以，假若你在土卫六上遇到了雨，那应该是一场痛快的淋浴。当然，那是一场"甲烷浴"。

尽管人们没有直接看
到土卫六上降雨的情景，但
"卡西尼号"向人们提供了
土卫六上有降雨发生的引人
深思的证据，因为有一次它
发现在靠近沙漠的地方有
一些蜿蜒曲折的河道（图
5.24）。在以前，当"卡西
尼号"飞临土卫六时，那里

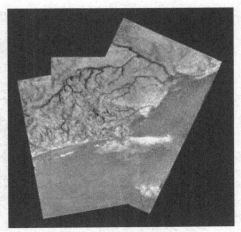

图 5.24　土卫六上的河道

总是覆盖着云彩，而这一次，图像则显示一些靠近"沙丘"的地方
变暗了。几个星期后，"卡西尼号"再度飞临，这次它发现那里的地
表又恢复了原状。这个发现很有理由让科学家们产生联想，他们认
为是一场"春天的甲烷雨"打湿了那里的地表，然后那些"水"又
蒸发或者流失掉了。可以推测，土卫六上的雨滴和地球上的雨滴非
常像。不过在土卫六上，由于引力更弱，那些雨滴可能更大，降落
的速度也更慢，其中的一些甚至在穿越干燥的下层大气时被蒸发掉
了，它们压根儿就到达不了地面。

　　在"卡西尼号"探访土星之前，人们认为土卫六上有大片水面，
但"卡西尼号"的探测则显示，土卫六上的水面面积只占地表面积的
很小部分且大多集中在极地区域，这表明，土卫六从整体上说比地球
干燥得多。不过"卡西尼号"发现有些"河道"伸向潮湿的地区，尤
其是它拍摄了一条长达 400 千米的河道，河道中的液态碳氢化合物一
直流进位于土卫六北极地区的一个名为"丽姬娅"的"海"中（图

5.25）。科学家们推测，土卫六的表面大约很像地球上的某些沙漠地区，那里的河流通常在一年的大多数时间是干涸的，只有雨季才有水，还有一种推测是，土卫六的过去大约比今天更加潮湿。

图 5.25 土卫六上第二大的水面"丽姬亚海"

五、探索外星海洋

假若我们去造访土卫六，我们还会发现下雨天的土卫六会和地球尤其不一样，因为厚厚的雾霭将绝大多数阳光遮挡住了，只有波长更长的红光能够照亮地面。假若这时候阳光能透过甲烷雨的雨滴折射出一道彩虹来，那我们看到的将是由不同的红色组成的"彩虹"，由亮至暗，和地球上的彩虹大不一样。

土卫六绕太阳运行一周需要大约 29 个地球年。随着土卫六的运行，它上面的季节也发生着缓慢的变化。"卡西尼号"可以在这个过程中观察土卫六上广阔的区域，从低纬滑向高纬，逐一地欣赏这颗星球的"四季风光"。这个时候，"湖泊"和"海"便成了人们注意的焦点，那些辽阔的水面之下隐藏着不少秘密（图 5.26）。

图 5.26 这幅图显示了土卫六上充满碳氢化合物的"海洋"

有一次，"卡西尼号"低空飞掠丽姬亚海，此时它的雷达正对着下方，雷达波扫描了下方的陆地和海面。通过测量雷达波往返于探测器和星球表面的时间，"卡西尼号"描绘了下方的地形。科学家们发现，这次扫描，"卡西尼号"传回了一束来自海底的回波。当科学家们接收到这束回波时，他们高兴地不得了，因为这是人类第一次在地球之外的一个星球上测量了一个"海洋"的深度。这次测量显示，丽姬亚海的深度为 160 米。

对于这束回波，科学家们"如获至宝"，因为它还能告诉人们有关土卫六海水成分的秘密。土卫六的湖水或者海水由甲烷和乙烷组成。由于甲烷比乙烷不稳定得多，所以甲烷应该蒸发得更快，人们因此认为，在两极地区的湖泊中，乙烷大约占了四分之三，另有 10% 是甲烷，7% 丙烷，以及更少的氢氰酸、丁烷、氮和氩等。

然而，土卫六让每个人都感到意外。科学家们将甲烷和乙烷带进实验室，然后用"卡西尼号"的雷达波照射它们。结果人们发现，乙烷对这种雷达波具有极强的吸收作用，而甲烷则没有，这表明乙烷不会显示土卫六

图 5.27　土卫六赤道上空白色的云彩，它们由甲烷组成，以雨的形式落下后形成"甲烷海"

的海底情况，人们从而可以推测，丽姬亚海中的"水"应该主要是液态的甲烷（图 5.27）。

人们还根据"卡西尼号"对丽姬亚海的探测估计了土卫六海水的总量。他们发现，假若其他海洋中的水体组成、海底特征和丽姬

亚海一样，那么土卫六上的海水总体积就大约为 70 000 立方千米，相当于地球已知石油储量的 55 倍。

第三节　生命猜想

一、波浪与沙丘

假若你想在土卫六上旅行，假以舟楫并非不可以，不过甲烷的海水对船舶的制作有特殊的要求，因为它们的密度仅相当于地球上水的密度的二分之一，这就要求船舶更轻，浮力更大，船桨更宽，而且由于"海水"的温度如此之低，造船的材料还必须是耐低温的。

但即使满足了这些条件，在土卫六上行船还是大意不得，因为那里的波浪可能会很大，这主要是因为甲烷的"水"比地球上的水更轻，土卫六的引力又比地球小，浪头就更容易抛出去，所以对于地球上的旅行者来说，充满甲烷的土卫六海洋可能不好驾驭。但尽管很大的波浪是船员们不喜欢的，对冲浪运动员倒是不错。

然而另一方面，土卫六上的风多数时候可能很小，只有到了夏天才会变大，所以土卫六的海面也许多数时候是平静的。

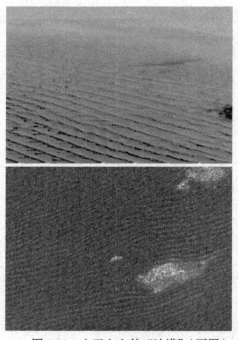

图 5.28　土卫六上的"沙漠"（下图），上图是地球上的沙漠

在土卫六上，还能看到

大片令人惊讶的"沙丘"，它覆盖了土卫六 20% 的表面，看上去很像撒哈拉沙漠（图 5.28）。在地球上，沙丘的形成来自于稳定的风的吹动。风将沙粒吹散开来，堆积成山脊似的沙丘，并使之越变越大。那些沙子通常来自石英、石膏和玄武岩。但在土卫六上，"沙粒"来自于大气层中的索林斯，它们降到地面后，被某种我们尚不知道的力量塑造成了碳氢化合物的"沙粒"。一旦阳光经过赤道，风就大起来，在风的吹动下，"沙粒"便以和地球上产生沙丘的相同原理形成了土卫六的"沙丘"。

二、嗅到了远古地球的气息

土卫六如此活跃，又有循环流动的大气和"水"，所以有人便相信，土卫六上存在某种形式的生命。这些人声称，根据"卡西尼号"发回的数据，土卫六上可能存在一种未知的生物，因为"卡西尼号"的探测表明，土卫六大气中的氢气在临近星球表面时没有了，而土卫六表面理应存在的乙炔也并没有探测到，所以这些科学家推测，氢气可能被土卫六上的某种生物呼吸掉了，而乙炔则可能是被那种生物"吃"掉了。对于这个观点，反对的声音也不少，因为类似含氢化合物沉降的现象在早期的地球大气层中也一直存在，但地球上并没有出现以乙炔为消耗物的生命形式。

土卫六的大气组成和化学物质让人们嗅到了远古地球的气息（图 5.29）。现代科学认为，生命来自于某些

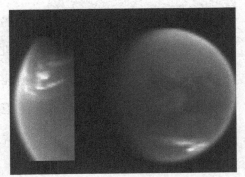

图 5.29 土卫六的大气组成和化学物质很像远古的地球

小分子无机物，如甲烷、氨、氢气等，它们在外在的某种诸如紫外光、电离辐射、雷电等能量的作用下生成有机的小分子物质。这些简单的有机物在水的参与下又逐渐形成简单的有机高分子物质，如蛋白质、核酸等。在特定的条件下，它们进一步形成可与外界进行简单物质交换的多分子体系。最后，再通过蛋白质和核酸的相互作用形成有原始陈新代谢功能且能自我繁殖的早期原始生命。人们认为，早期的地球生命就是这样由简单到复杂地进化而来的，而当时地球的情形就与现在的土卫六很有几分相似。土卫六上的索林斯能经由某种形式的化学反应形成复杂的有机分子，这只是在重复早期地球曾经发生过的事情而已。

三、畅游"丽姬娅海"

图 5.30　用气球探测土卫六的大气层

这样看来，对土卫六的大气、地表和水体进行全方位的探测就显得十分必要了。例如，人们设想用气球探测土卫六的大气层（图 5.30），还设想打造一艘探测船，这艘船携带放射性元素发电机，依靠钚的衰变为仪器提供电能，它降落到土卫六上以考察土卫六的水面，这个水面很有可能就是丽姬娅海（图 5.31）。

丽姬娅海比地球上最大的淡水湖——北美的苏必利尔湖还要大（图 5.32），占整个土卫六表面面

积的 0.12%，而地球上位于欧
亚大陆的内海——黑海，仅
占了地球总面积的 0.085%。

不过也有科学家提出更
加大胆的考察方案，那就是
送一艘潜艇进入土卫六海洋
的水下，这艘潜艇由母船释
放，潜入甲烷海的深处，它
用声呐探测土卫六奇妙的
水下世界，用质谱仪检测海

图 5.31　用探测船探测土卫六上的
"丽姬娅海"

水的化学组成，研究其中的碳基化学物质和有机分子。它会遇到什
么？会给人们带来怎样的消息？

图 5.32　"丽姬娅海"（图左）比地球上最大的淡水
湖——北美的苏必利尔湖（图右）大

除了揭秘生命起源的奥秘之外，土卫六还将帮助人们探索系外
行星的奥秘。现在，人们已经用望远镜在太阳系外发现了很多系外
行星和一些和地球有几分相似的所谓"类地行星"，但人们并不知道
那些行星上的世界究竟是怎样的。例如，地表如何形成，大气如何

演化等。迄今为止，要探讨这些问题，人们主要还是依凭地球的情形去作一些推测，然而假若科学家们对活跃的土卫六也有了深入的了解，人们便会拥有更多的知识去认识那些太阳系之外的奇妙世界，推测的依据会充分一些，人类对宇宙的理解也会更加深入一步了。

第四节　发现"土卫明星"

一、不一般的土卫二

在土星系中，第二颗引人关注的卫星是土卫二（图5.33）。1789年，英国天文学家威廉.赫歇尔发现了土卫二，他将这颗卫星名命为"恩克拉多斯"。"恩克拉多斯"是古希腊神话中的一个巨人，因败于宙斯而被雅典娜埋葬在埃特那山下。然而土卫二徒有其名，它并不是"巨人"，直径只有约500千米，在太阳系的卫星中算不上大个头（图5.34）。1981年，"旅行者号"探访土星，拍下了土卫二的照片，只见其上冰层覆盖，山岭纵横，偶见沟槽、凹坑和破碎的冰原，表面极为荒凉。

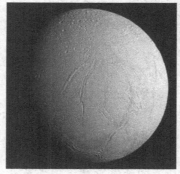

图5.33　"卡西尼号"拍摄的土卫二

图5.34　土卫二的个头并不大。这是土卫二和土星环的"合影"，远处的那个星球是土卫六

然而，当"卡西尼号"飞掠了这颗星球后，天文学家们便开始对它刮目相看了。一般来说，像土卫二这样的小天体不会有大气，因为它小，所以引力就弱，不足以吸引住大气，但"卡西尼号"却探测到土卫二的磁场有扭曲的现象，表明这颗小卫星也拥有自己的大气层，磁场扭曲就是大气层中带电气体分子干扰的结果。科学家们猜测，土卫二可能拥有自己的大气来源，它内部的逸出物构建了一个大气层，这是一种例外的情况，表明小小的土卫二可能并不简单。

后来"卡西尼号"又对土卫二作了两次飞掠，飞掠时离土卫二很近，照相机拍下了非常清晰的照片。人们看到，土卫二的南极是一个活跃的热点区，那里有一片"虎纹"状的地形。令人惊讶的是，那虎纹状地形的裂缝里正在喷射一些水蒸气和冰屑似的物质（图 5.35），其喷射物的高度超过 430 千米，和土卫二的直径相差无几了。

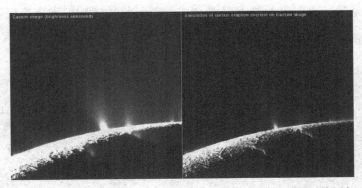

图 5.35 "卡西尼号"发现土卫二南极在喷射水蒸气和冰屑似的物质。右图是模拟的喷射物喷出的形态。科学家们认为，它们从"虎纹"状地形的裂缝里喷出，形成了一道道墙一样的"幕帘"

这个意想不到的发现使土卫二成了"卡西尼号"重要的探测目标。科学家们相信，"卡西尼号"发现了一个最奇异的天体，它很可能也是太阳系中一个非常有希望存在生命的地方。

二、"喷泉"之谜

土卫二上的喷泉是一种间歇泉，泉中的物质混合着甲烷、丙烷、乙炔和二氧化碳等有机化合物，这些有机分子能演化成更为复杂的化合物，在地球上，它们的结合最终促成了生命的诞生。

然而，土卫二的表面异常寒冷，直径又只有月球直径的七分之一（图5.36），这种既冷又小的天体怎么能喷射如此丰沛的水蒸气和冰粒呢？人们知道海卫一有夹杂着液氮、灰尘或甲烷的喷泉；木卫一有壮观的火山；木卫二有平整的冰面，冰下可能隐藏着浩瀚的海洋，但它们都是较大的天体，况且在通常情况下，行星和卫星的最热部分应该在赤道附近，两极应该是寒冷的，因为那里的太阳光照是倾斜的，就像地球上的情形一样。然而土卫二的"热点"却在南极，有"虎纹"的地方（图5.37）更加温暖。相对而言，赤道附近倒是寒冷一些。这种情况非常令人费解，就仿佛我们发现南极洲比撒哈拉沙漠还要暖和一样。

图5.36　地球、月亮和土卫二。土卫二的直径只有月亮直径的七分之一

图5.37　土卫二极区的"虎纹"状的地形

三、地下的热源

人们猜测土卫二有一个内部的热源，例如地下的熔岩等，它延

伸到南极地表的附近，把那里加热了。事实上，土卫二远离太阳 14 亿千米，太阳光非常微弱，对它的影响的确并不大。还有人猜测，土卫二可能发生过一次大翻转，翻转是星体内部物质的运动引发的，它导致自转轴倾斜从而形成了这种热量分布的"怪现象"。

土卫二的液态水可能存在于离表层很近的地方，它们可能受到地下热源的加热后形成了水蒸气，并把冰块和其他物质喷射了出来（图 5.38）。

图 5.38　土卫二的地下热源加热了地下水，并把冰块和其他物质喷射了出来

不过即使如此，土卫二的谜团还是没有最终解开，因为人们还要解释土卫二内部的热量是如何产生的。关于这个问题，现在有多种解释，一种认为它产生于上层冰和下层岩石的挤压；另一种认为，它来自放射性元素的衰变，衰变释放了热量，熔化了土卫二的内核，并在冰下造就了一个海洋；还有人认为热量来自潮汐力。土卫二绕土星运行的轨道是一个非常扁的椭圆，这种运行方式会产生潮汐力使它的冰层发生移动。在移动的过程中，摩擦和碰撞产生热量，造就了大量蒸汽，蒸汽的压力达到一定程度后便将断层里的冰块推出，从而形成了间歇泉似的冰喷泉现象。

四、成了一颗"明星"

人们发现，那些喷出物的速度非常高，甚至超过了音速，达到每小时 2100 千米（图 5.39）。假若没有地下的液态水，喷出物很难

达到这样的速度。

人们还发现，那"间歇泉"中存在钠盐的痕迹，它意味着土卫二的地下水体可能含有盐，它大约是一个盐湖、水库或者海洋。

地球的海洋就是一个含盐的水体，那里成了生命的摇篮，进化出了复杂的生命，那么土卫二上的盐水里会有生命吗？初步的分析是，土

图 5.39 土卫二的喷出物拥有很高的速度，这是"卡西尼号"拍摄的喷出物图像

卫二地下水体的酸性不大，含盐度可能类同地球上的海水，这也是一个好消息。

事实上，土卫二不仅是一个在存在生命方面充满期待的星球，它同时也对整个土星系统施加着影响，是一颗充满能量和影响力的星球。"卡西尼号"在土星上发现了一种昏暗的极光，这种情况和木星很相似。前文说到，木星的极光肇因于木卫一上的火山喷出物，而土星的极光则肇因于土卫二上的间歇泉喷出物。人们估计，这个不大的星球每秒钟会向土星轨道喷射 100 千克的物质，从而造就了土星的极光。除此以外，土卫二

图 5.40 运行于 E 环中的土卫二

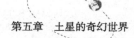

喷出物的一部分还进入到土星的光环中。从"卡西尼号"拍摄的照片可以看到，土卫二就运行于土星最外层环的 E 环中（图 5.40）。E 环呈蓝色，由稀疏的物质微粒组成。人们认为 E 环中的粒子就来自于土卫二。

在太阳系的卫星中，土卫二是已知的最亮的卫星，其反照率达百分之九十，而现在，它又继火星、土卫六这类星球之后脱颖而出，成了最有希望存在生命的地方。看来小小的土卫二真要成为太阳系中一颗万众瞩目的"明星"了。

第五节 土卫九和土星的"怪星群"

一、土卫九的"另类"性格

1892 年，美国天文学家巴纳德用一架 91 厘米口径的折射望远镜发现了木卫五，这是人类用目视法发现的最后一颗卫星。1898 年 8 月 16 日，另一位美国天文学家威廉·皮克林（图 5.41）用一架 61 厘米的折射望远镜发现了土卫九。他在望远镜上装上底片，用照相的方法而不是单纯的目视捕捉到了这个卫星，由此土卫九成了人类用照相术发现的第一颗卫星，也是人类在太阳系中发现的

图 5.41 美国天文学家威廉·皮克林

第 22 颗卫星。此后，天文学家们开始用照相术寻找卫星，这样效率更高，也把卫星观测推向了一个新阶段。

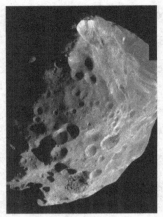

图 5.42 "卡西尼号"
拍摄的土卫九

在土星众多的卫星中，土卫九是一颗奇特的卫星（图 5.42），直径为 214 千米，离土星非常远，公转的方向与土星自转的方向也相反。在土卫九上看土星，你会觉得土星在以极快速度自转，不到 5 小时就自转了一周，比土星实际的自转快了一倍多。你还会看到土星、太阳和其他恒星都从西方升起，不到 5 小时就从东方落下了。

土卫九的另一个奇特之处在于它的公转轨道面，这个面并没有处在土星的赤道平面上，而是存在一个交角，这也是很特别的，除了土卫九和土卫八外，土星其他卫星的轨道面都处在土星的赤道平面上。

1981 年 8 月 26 日，"旅行者 2 号"途经土卫九，在离土卫九 220 万千米的地方，"旅行者 2 号"拍摄了土卫九的照片，这是一次浮光掠影的一瞥，土卫九只显示了一个模糊的形状，有一些亮斑和微微的红色。在 2004 年 6 月"卡西尼号"探访土卫九以前，那个模糊的影像就是土卫九留给人类的最直观的印象了。

二、土卫九的"前世今生"

土卫九的另类个性，如倾斜的轨道、离土星遥远的距离和逆行等，使天文学家们怀疑它和土星的其他卫星并非产生于同一个地方，它是从其他地方迁移过来的，是被土星强大的引力捕获后成为土星的卫星的。那么，它来自哪里呢？最初，人们认为它的"前身"

是一颗小行星，后来有科学家使用大型天文望远镜上的光谱仪观测到土卫九上存在水冰，这一发现在一定程度上否定了土卫九曾是小行星的观点，因为小行星含有水冰的情况不是太多，只有太阳系的边缘地区存在为数众多的含有水冰的小天体，它们处在"柯伊伯带"中。

柯伊伯带的存在已经得到了证实，人们在那里发现了不少"柯伊伯带天体"。按照现代星云说的观点，行星和卫星是由同一块星云凝聚而成的，卫星的前身就是围绕行星旋转的星子盘，它的转动方向必然与行星的自转和公转方向一致，所以在星子盘中只能产生顺行卫星，不会产生逆行卫星。但土卫九是一颗逆行卫星，加上它身上还有其他不规则性，如轨道面的交角、轨道偏心、表面暗淡及离土星遥远等，人们便怀疑它的前身是一个"柯伊伯带天体"了。

三、也是"文物密藏器"

由于土卫九离土星十分远，所以"卡西尼号"只好在前往土星的路途上与它相会，然后飞掠它。和1981年"旅行者2号"的飞掠相比，"卡西尼号"的飞掠要近得多，离土卫九最近时只有2068千米，不足"旅行者2号"飞掠土卫九时距离的千分之一，它拍摄的照片比

图5.43 "卡西尼号"拍摄的土卫九表面的陨石坑

"旅行者2号"拍摄的照片清晰了1000倍（图5.43）。

人们发现，土卫九是一个不规则的球体，表面凹凸不平，伤痕

累累，遍布着大大小小的陨石坑，大者直径达到 50 千米，小者不足 1 千米（图 5.44），这表明除了大陨星外，还有无数直径小于 100 米的小陨星撞击过土卫九。土卫九表面还覆盖着一层厚达 300 ～ 500 米的黑色物质，下面则是比较光亮的岩层，岩层中可能含有大量冰。

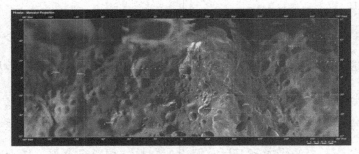

图 5.44　土卫九的表面凹凸不平，布满陨石坑

"卡西尼号"的飞掠获得了丰富的数据，成为迄今为止，人类对土卫九进行的最直观也是最充分的研究。依赖这些数据，人们对这颗星球的了解仅仅用了两个星期就比过去 100 年的总和还要多。

土卫九的内核可能既不是纯冰也不是纯岩石，而是这两种物质的混合体，其混合的比例与彗星相似。土卫九的密度也比大多数岩石的密度低，却比纯冰的密度高。因此人们推测，土卫九可能由冰、岩石和含碳化合物组成，其组成情况与冥王星及海卫一很相似（图 5.45）。

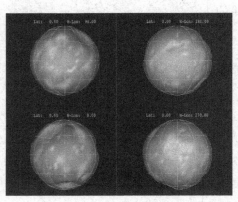

图 5.45　土卫九的物质组成可能与冥王星和海卫一相似。这是土卫九的"多面图"，显示它呈一个近似的球形

假如真是这样，那么

"卡西尼号"获得的照片就是人类历史上第一份高清晰度的柯伊伯带天体照片，而土卫九也可能保留了很多太阳系形成之初的原始信息，研究它就仿佛在打开一个"文物密藏器"，能让我们知道太阳系演化的很多秘密。

四、土星的"怪星群"

事实证明，土卫是一个多彩和奇异的世界，并不逊色于土星美丽的环（图5.46）。除了上述几颗卫星外，还有几颗土卫也值得在此一述，它们奇形怪状，各有特色，构成了土星的"怪星群"。

土卫五是土星的第二大卫星，直径1500千米，由冰和岩石组成。它的自转和

图 5.46　土星有很多卫星。这幅由"卡西尼号"拍摄的照片显示了土星的 5 颗卫星，还有土星的 F 环。最靠右的是土卫五，它后面的那颗是土卫一，F 环上方的那颗明亮的星是土卫六，它斜下方恰巧和 F 环重合的是土卫十七，最左边的那颗是土卫十

公转是同步的，朝内的一面总是对着土星，朝外的一面承受了频繁的陨石撞击。"卡西尼号"传回的数据显示它可能拥有环（图5.47）。以前，人们只知道行星的周围有环，发现卫星有环还是第一次。

土卫七是一颗"海绵星"，它看起来像一团巨大的海绵（图5.48），又像一堆聚集在一起的乱石，更像一个巨大的榴莲，让人怀疑它是一块被其他天体遗弃的残骸。"卡西尼号"拍摄的土卫七非常令人惊讶，其上的"海绵"清晰可见，看上去应该由众多大而深

的陨石坑组成。土卫七的自转也十分混乱，因此很难预测它上面的"白天"和"黑夜"会发生在什么时候。

图 5.47　土卫五可能拥有环

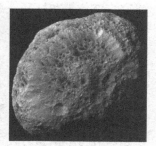

图 5.48　土卫七看上去像一团巨大的海绵

不过即使在这样一颗零乱的星球上，"卡西尼号"也发现了碳氢化合物，这进一步支持了银河系中广泛存在着生命所需化学物质的观点。

图 5.49　土卫八

土卫八（图 5.49）由意大利出生的法国天文学家卡西尼于1671 年发现。发现不久后，卡西尼便注意到土卫八是一个"阴阳脸"，它的一面黑如沥青，另一面亮如白雪。在此后的三百多年里，人们一直对此种现象不得其解，但推测有两种，一是认为土卫八曾与一块大陨星相撞，撞击引发了土卫八上强烈的火山喷发，喷出的物质覆盖了部分冰冻外壳，形成了土卫八的"黑暗面"；另一种解释认为黑色物质来自土卫八轨道外侧的土卫九，那些来自土卫九的物质降落在了土卫八的正面，即位于公转轨道正前方的半球上，把土卫八的一半染黑了。

　　然而土卫九的黑色物质又源自何处呢？长期以来，人们并没有观测到这种物质，不过现在谜团解开了。前文在谈到土星环的时候曾谈到人们用红外望远镜在土星环的外围发现了一个"超巨型"的土星环，其实，这个巨环就是土卫九造成的，它可能与其他天体发生过碰撞，产生了大量尘埃，从而"制造"了一个巨环。

　　巨环中的物质染黑了土卫八的正前方，形成了黝黑的"前脸"，而黑色的表面又加剧了热量的吸收，使那里的水冰漂移到土卫八的背面凝结起来，这样一来，土卫八的背面就变得很白很亮，形成了雪白的"后脸"，远远看去，它的两个半球"黑白分明"，便呈现出非常明显的"阴阳脸"了。

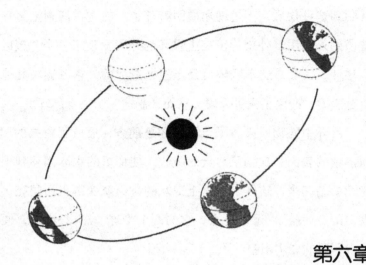

第六章

太阳系的"远郊风光"

第一节　探索"二王星"

一、天王星传说

在天文望远镜出现以前，土星是太阳系中最外围的行星，待天文望远镜出现后，赫歇尔用望远镜在土星之外发现了天王星（图6.1），不久后人们又发现了天王星之外的海王星和冥王星。在人类的视野中，太阳系的范围被大大地扩展了。

前面说到，人们用探测器探测太阳系中的天体主要使用了"飞掠"和"环绕"两种方式，而天王星、海王星和冥王星都只接受过人类探测器的"飞掠"探测，所以人们对这三颗位于太阳系"远郊"

的天体还是相对"陌生"一些。

天文学家们猜测，在天王星形成不久，它受到了一次强烈的冲撞，冲撞的天体有行星一般大小，冲撞点位于距天王星中心有些距离的地方。于是天王星的自转轴被撞歪了，还产生了大量的尘埃和气体，它们慢慢汇集到天王星赤道面附近形成它的环和卫星（图6.2）。

图 6.1　"旅行者 2 号"拍摄的天王星　　图 6.2　天王星和它的环

也许正是因为这个原因，天王星才显得与众不同，它的自转速度比较快，仅为 16 小时，自转方向也与公转方向相反，自转轴与公转轴又处于几乎相对垂直的状态，所以它看上去好像横卧在公转轨道的平面上，它的环也仿佛直立了起来。

还有人猜测，天王星和海王星在太阳系中所处的位置发生过互换。他们认为，海王星形成时与太阳的距离比现在近一半，而天王星则大至处在海王星现在的位置上，但是后来，由于它们的质量发生了变化，两者便交换了轨道，位置完全颠倒了过来。当然，这只是推测，那些事发生在大约 40 亿年前，太阳系刚形成不久，所以要予以证明是非常困难的。

和天王星的身世一样，天王星的环的发现也是疑窦重重的。

1977 年 3 月 10 日，天王星运行到一颗恒星的前面，把那恒星遮掩住了。天文学家们在观测那颗恒星的时候，记录下恒星的亮度闪烁了好多次，这样的闪烁通常是行星环遮掩恒星造成的。经过分析，科学家们确认，天王星的周围存在着 9 条光环，这一发现对人类认识星空世界非常重要，它使人们开始意识到光环并不是土星特有的，它可能是行星的一个普遍特征。1986 年 1 月 24 日，"旅行者 2 号"飞掠天王星时发现天王星有 11 个环（图 6.3）。2005 年，人们用哈勃太空望远镜又发现了两个新环。

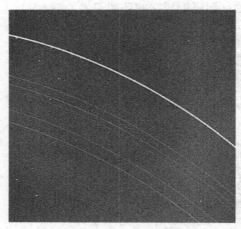

图 6.3 "旅行者 2 号"拍摄的天王星环

二、卫星与光环

但有人认为，天王星的光环是赫歇尔最先发现的，发现的时间是 1789 年，也就是说，当年赫歇尔发现天王星后不几年就可能又观测到天王星的环了。这种观点源自于人们在分析赫歇尔的材料时找到了一幅太阳系仪图片，那件太阳系仪是依据赫歇尔的观测结果制造的，而在那上面，天王星存在着一个模糊的环的痕迹。另外一个证据是在赫歇尔的观测笔记中找到的，那上面明明白白地写着："1789 年 2 月 22 日，一个可疑的星环。"

难道赫歇尔在 1789 年就已经观测到天王星的环了？许多学者认为这是不可能的，因为天王星距地球如此之远，那时的望远镜根本不可能观测到它的环，况且 1789～1977 年这段时间里也从来没有听说有人观测到了天王星的环，这说明天王星的环的确不容易被当时的望远镜所发现。

然而，也有人认为赫歇尔发现天王星环并非不可能。首先星环的亮度是可以变化的，土星环就出现过这种情况。如果天王星环在 1789 年左右处于明亮的时期，那么它就有可能被赫歇尔观测到。另外，地球大气的透明度在近一二百年间也发生了很大的变化，尤其是工业革命以后，光污染和烟雾使天空的能见度大幅下降，这可能导致后来的观测者很难发现天王星环，然而在赫歇尔的那个时代，天空是非常清朗的，极有利于星空观测，这也许有可能让赫歇尔发现天王星的环。

赫歇尔继发现天王星后又发现了它的两颗卫星天卫三（图 6.4）和天卫四。1851 年，英国天文学家拉塞尔发现了天卫一（图 6.5）和天卫二。1948 年，柯伊伯发现了天卫五，天王星的大卫星已被陆续发现（图 6.6）。1987 年，"旅行者 2 号"又发现了天王星的 12 颗新卫星。"旅行者 2 号"路过天卫五时还发现天卫五地形奇特，满目疮痍，它为这颗卫星拍摄了很清晰的照片。

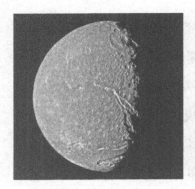

图 6.4　天卫三

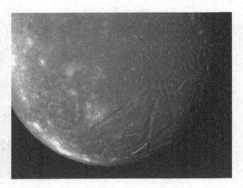

图 6.5　天卫一

图 6.6　天王星和它的 6 颗大卫星对比图。从左到右分别是：天卫十五、天卫五、天卫一、天卫二、天卫三和天卫四

为什么天卫五长得如此怪异呢？人们推测，天卫五原来的表面十分光滑，后来被小行星或彗星频繁撞击，每次撞击都破坏了一部分原始表面，露出一些内部物质。经过多次这样的粉碎和重聚后，天卫五便有了奇异的地貌。后来又出现了一种新理论，这种理论认为，天卫五曾经有过强烈的地质活动，活动的能源来自天王星的潮汐力，这种力量改变了天卫五内部的密度分布，从而造就了它的奇特地形。

三、海王星和它的环

1986 年，"旅行者 2 号"飞掠海王星，它发现海王星的大气很不安定，有一块大黑斑，还有一块相对小一些的黑斑，都是大气中的高压气旋（图 6.7）。

除了黑斑外，海王星也有光环，最外层的环叫亚当斯环，它似乎是由密度很高的块状物构成的，那些块状物形成了三段明显的"弧"，分别被人们命名为"自由"、"平等"和"博爱"（图 6.8）。

"弧"的存在令人费解，因为按理说它们应该逐渐变成分布均匀的环才对。1998 年，天文学家们用哈勃太空望远镜观测那些"弧"时，发现它们有了一些位移。海王星还有其他环，都是以海王星及其卫星发现者的名字命名的，如勒维耶环、伽勒环、拉塞尔环等。

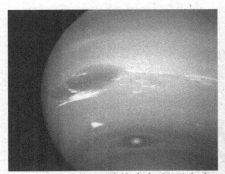

图 6.7 海王星的大气很不安定，有一块大黑斑，还有一块小一些的黑斑（图下方）

图 6.8 亚当斯环（外）和勒维耶环。亚当斯环上有三段明亮的"弧"，分别被命名为"自由"、"平等"和"博爱"（从右往左）

天王星和海王星都是气态行星，它们离太阳比木星和土星远，体积适中，有一个坚硬的岩核，大气的组成主要为氢、甲烷和氨，这是它们的共同特点。

海王星也拥有不少卫星，但在"旅行者 2 号"探访海王星之前，人们认为海王星只有两颗卫星，即海卫一和海卫二，其中海卫一是最受人关注的天体，它是英国天文学家威廉·拉塞尔（图

图 6.9 英国天文学家威廉·拉塞尔

6.9）发现的。1846 年 9 月 23 日，拉塞尔使用自己磨制的望远镜观测了海王星，17 天以后，即 10 月 10 日，他发现了海卫一，并声称还发现了海王星的环。现在人们不太相信拉塞尔发现了海王星的环，认为那是他的错觉，因为海王星的环太暗了，也是不大可能被那时的望远镜发现的。

四、海卫一事件

图6.10 "旅行者2号"拍摄的海卫一
（位于图下方，上方是海王星）

图6.11 海卫一是逆行卫星，轨道面
也是倾斜的。图中红线为海卫一的轨道

海卫一（图6.10）是一颗很"纠结"的天体，它有很多理不清的问题和奇怪的现象等着人们去破解和探究。其中最"纠结"的一个问题也是有关"身世"的。海卫一似乎并不属于海王星，它看来是从其他地方迁移过来的，原因也在于海卫一是一颗逆行卫星，它绕海王星公转的方向和海王星的自转方向是相反的，它的轨道面也是倾斜的（图6.11）。这种情况总是令人颇费思量，例如前面说到的土卫九就是一颗逆行卫星，原本也可能并非属于土星。

有人认为，海卫一是一个双星系统的一员，这个双星系统的两颗星质量相差不大，无所谓谁围绕谁旋转，它们看上去像是相互绕着对方旋转，而实际上它们是围绕一个公共的质心旋转，这个公共质心又围绕太阳旋转。然而，当这个双星系统与海王星近距离相遇时，海王星的引力便破坏了它们的体系，其中的一个星体被海王星"俘获"了，这就是海卫一。由于双星系统的残余影响和海王星引力的共同作用，海卫一绕海王星的公转方向就和海王星的自转方向相反了。

由于海王星离柯伊伯带很近，所以有人也推测，这对双星就来自于柯伊伯带。他们认为，当年海卫一的"伙伴"被海王星的引力弹了出去，而海卫一则降低了速度被海王星所"俘获"，至于那"伙伴"是谁，它就是冥王星。

海卫一的"伙伴"是不是冥王星，这个问题目前很难回答，但人们确实在柯伊伯带中发现了类似冥王星的"类冥天体"，而天文学家们也在太阳系中发现了不少双星，事实上，存在于柯伊伯带中的冥王星和冥卫一就是一对双星。

另外，海卫一的直径约为2700千米，比冥王星大很多，除了不绕太阳公转外，它几乎具备了行星的所有特征，比如有磁场，有行星型的地形和内部结构，甚至还有稀薄的大气，所以将它原有的身份定位于围绕太阳旋转的柯伊伯带天体也是合理的。

五、"冰火山"和"哈密瓜皮地形"

不过事情至此，"纠结"并没有完结，科学家们还推测，"海卫一事件"还可能"打扰"了海卫一的"兄弟"海卫二。

海卫二的轨道也十分怪异，它离海王星最远的时候有900万千米，最近时又只有1.4万千米，这样的运行很有"坐过山车"的感觉。通常情况下，这种轨道特性表明这个天体也来自于其他地方，然而海卫二的物质组成又否定了它的外来身份，因为它的组成表明它和海王星形成于同一个行星盘中，于是科学家们认为，海卫二的怪异轨道有可能就是海卫一造成的。当海卫一和它所在的双星系统

贸然闯入海王星系统时，它们的引力把海卫二弹出了正常的轨道，于是海卫二的运行状态便形成今天的这个样子了。

1989年，当"旅行者2号"接近海卫一时，它发现了几座间歇泉，它们喷出冰冻的甲烷、氮和其他冰类物质，这些喷出物中的有些被喷到了32千米的高空。科学家们推测，海卫一上的间歇泉可能形成于内部不断升高的液氮压力，也可能产生于季节性的太阳照射。海卫一上地形复杂，多断层、山脊和各种冰结构，撞击坑也少，说明它的表面活动很剧烈，有长时间的地质活动期（图6.12），这为间歇泉的产生创造了条件。

海卫一的南半球平滑而缺少变化，北半球则分布着一种奇怪的地表。从"旅行者2号"拍摄的照片上看，这种地形有密密麻麻的皱纹，很像一块哈密瓜皮，所以人称"哈密瓜皮地形"（图6.13）。至今这种地形仅在海卫一上被发现，形成的机制也不清楚，大约与氮和冰火山的活动有关。海卫一南北半球的地形差异很大，这在其他星球上也不多见。

图6.12 海卫一上地形复杂。这是海卫一上的两个平原。陨石坑很少，说明海卫一的地质活动频繁

图6.13 海卫一上的"哈密瓜皮地形"

由于海卫一是逆行卫星，加上海王星巨大潮汐力的影响，海卫一的公转半径会逐渐变小，最终陨落到海王星上，或者变成一道海王星的光环，这大约就是海卫一的最终结局吧。

第二节 终于看清了冥王星

一、发现"柯伊伯带天体"

越过海王星的轨道，人类对那里的世界就更加陌生了。有时候，一颗离太阳更远的星球会运行到海王星轨道之内，这时它和太阳的距离比海王星离太阳的距离更近，但过不多久，它又回到了海王星轨道之外，并且绝大多数时间都在海王星轨道之外运行，最后完成一圈的公转。原来，这个星球的公转轨道是一个巨大的椭圆，它的公转周期长达 248 年。

这个"特立独行"的星球就是冥王星（图 6.14）。

图 6.14　冥王星

冥王星发现于 1930 年，发现者是美国天文学家克莱德·汤博，那时他刚来罗威尔天文台不久。汤博每天用望远镜对准选定的天空重复拍照，然后将不同时段拍下的同一天区的照片进行仔细对比以寻求有行星特征的移动星体。1930 年 2 月 18 日，他终于在布满繁星的背景中找到了那个移动的小点，冥王星就这样被这位 24 岁的年轻人发现了。

图 6.15　画家笔下"新地平线号"飞临冥王星的情景。远处是冥王星的卫星冥卫一

由于冥王星太远，至 2015 年以前，没有一艘探测器到达过它的附近，直到 2006 年 1 月才终于有一艘名为"新地平线号"的探测器（图 6.15）朝它飞去。

然而"新地平线号"启程不久，冥王星便发生了重大变故，它被认定不是一颗大行星了，太阳系中的"九大行星"只剩下"八大行星"了。科学家们说，冥王星没能清除自己轨道附近的天体，按照新的行星定义，这样的天体不能拥有大行星资格，只能算作"矮行星"。这是为什么呢？

事情还得从 20 世纪 80 年代说起。1987，两位美国天文学家，夏威夷莫纳克亚天文台的大卫·朱伊特和简·卢开始搜索海王星轨道之外的天空，他们使用夏威夷大学 2.2 米望远镜整整工作了 5 年，终于发现了一个天体：1992 QB1，它直径 250 千米，距太阳 41 ～ 48 个天文单位（一个天文单位约为一亿五千万千米），比冥王星还要遥远。这个发现说明在海王星的轨道外，冥王星并不是唯一较大个头的天体。果然，不久人们又在海王星轨道和距太阳 50 个天文单位之间的带状区域中发现了越来越多的这类天体。到 1999 年 7 月份，数量已超过 170 个，2001 年为 400 多个，2005 年为 800 多个。但这只是冰山的一角，按照柯伊伯的推测，海王星轨道之外的这类天体是大量的，它们组成了一个彗星的"大本营"，成为"短周期彗星"的发源地，这个带状的区域被称为"柯伊伯带"，而存在于其中的天体则被称为"柯伊伯带天体"（图 6.16）。

图 6.16　一颗远离太阳的"柯伊伯带天体"

二、飞抵冥王星

那么，"柯伊伯带天体"是如何来的呢？原来，几十亿年前，我们的太阳系是一个充满了微小天体的围绕着太阳运行的物质盘（图 6.17）。物质盘中的有些天体会越"长"越大，这是引力施展的"魔法"，其过程有点像滚雪球。随着这

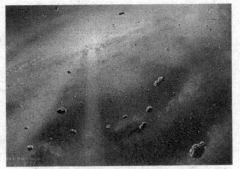

图 6.17　早期太阳系是一个充满了微小天体的围绕着太阳运行的物质盘

些天体的"成长"，它们的引力也越来越大，并逐渐变得像一台"清扫机"，它们在运行中将周围的空间"清理"得越来越干净，于是，这些具有"清扫"功能的天体便获得了"专有"的轨道，它们最终"长"成了我们今天所定义的太阳系中的经典行星。

按照这样的理论，冥王星就不是一颗经典行星，因为假若冥王星是经典行星，那么它也应该具有"清扫"的功能，然而，朱伊特等天文学家在柯伊伯带中的大量发现证明了冥王星没有这个功能，因为那些小天体依然存在于冥王星附近的轨道上，人们因此认为，冥王星不够格定义为一颗大行星，它只能是一颗矮行星。

但即使冥王星不是一颗大行星了，人们对它的兴趣也丝毫没有减退，所以冥王星探测器"新地平线号"飞往冥王星仍然是人们极为关注的事件。

"新地平线号"携带的仪器能为冥王星成像（图6.18），分析冥王星的大气组成和太阳风（图6.19），研究冥王星系统中的卫星和柯伊伯带。此外，人们还在"新地平线号"上安装了尘埃计数器，它是一部由学生们研制的仪器，名为"维妮蒂娅·伯尼学生尘埃计数器"（图6.20）。由于"新地平线号"的旅途长达9年，穿越太阳系广阔的地区，所以这架仪器能收集太阳系各区的星际尘埃，这样既能监测尘埃对"新地平线号"的影响，又能比较太阳系不同地区尘埃的物理和化学性质。

图6.18 "新地平线号"上的远程观测成像仪

图6.19 "新地平线号"上的太阳风分析仪

现在，很多谜团和猜想都要靠"新地平线号"去揭示和证实了（图6.21）。

这次任务的行程达48亿千米，耗时10年。2006年的4月7日，"新地平线号"成功穿越火星轨道并逐渐靠近木星，它利用这次机会对木星及其卫星进行了多项科学考察，记录了木星两极的闪电，拍下了木星风暴的特写，观测了木星云的形成过程和木星大气层的

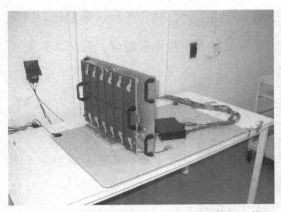

图6.20 "新地平线号"上的维妮蒂娅·伯尼学生尘埃计数器

图6.21 "新地平线号"发射升空

运动情况。2007年2月，它与木星擦肩而过，距木星最近时只有230万千米。"新地平线号"飞越木星是为了借助木星的引力提高飞行速度，这样可以使它的冥王星之

图6.22 "新地平线号"抵达冥王星，科学家们欢呼庆贺

旅缩短3年。2008年6月8日，"新地平线号"越过土星轨道。至此，"新地平线号"创造了一项仅用两年零四个月便抵达土星轨道的新记录，比此前的"旅行者1号"快了八个月。2014年8月，"新地平线号"飞越海王星轨道。次年7月，它终于抵达了冥王星（图6.22）。

三、破解"冥卫之谜"

到达冥王星后，"新地平线号"只有十分有限的时间从事对冥王星系统的科学考察工作，因为它的速度太快了，它的能源不足以让

它慢下来成为一颗绕冥王星运行的卫星，只能飞掠这颗星球。在飞掠的这段时间里，它确定了冥王星表面的化学组成，探测了冥王星的大气，还拍下了清晰的照片。

图 6.23 "新地平线号"拍摄的冥卫一

一直到 2005 年以前，人们都认为冥王星只有一颗卫星，那就是冥卫一（图6.23），又叫"卡戎"，它是美国海军天文台的天文学家詹姆士·克里斯蒂发现的。冥卫一并不大，但由于冥王星太小，它就显得和冥王星不成比例了。冥王星的直径为 2300 千米，而冥卫一的直径达到了 1200 千米，它们在运行上的表现显示它们是一对双星。

2005 ～ 2013 年，人们用哈勃太空望远镜逐渐发现了冥王星的其他 4 颗新卫星，分别是冥卫二"尼克斯"，冥卫三"许德拉"、冥卫四"科波若斯"和冥卫五"斯提克斯"，它们都很小，而且至少有两颗是合并而成的（图6.24），这样一来，人们便在冥王星的周围发现 5 颗卫星了。

但是冥王星那么小，为什么还拥有不少卫星呢？观测发现，那新发现的 4 颗卫星，它们的轨道都挨得很近，仿佛挤在一起。它们和冥卫一好像产生于同一时期，这暗示冥王星可能遭遇过一次撞击，这使它的周围产生了不少碎片，演变成了一个卫星群。科学家们推测，大约数十亿年前，原始的冥王星和原始的冥卫一发生了一次剧烈的碰撞，但碰撞并没有使这两个天体完全毁灭，它们演变成了两颗相互绕对方运行的星，而碰撞产生的碎片也充斥于这个新诞生的系统中，最后形成了其他较小的 4 颗卫星。

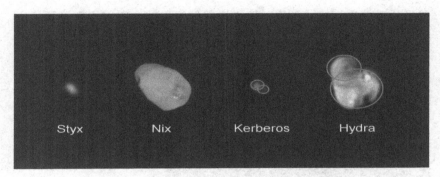

图 6.24　冥王星的 4 颗小卫星，分别是冥卫五"斯提克斯"、冥卫二"尼克斯"、冥卫四"科波若斯"和冥卫三"许德拉"（从左到右）。看上去至少冥卫四和冥卫三是合并而成的（圆圈所示）

四、还是有疑点

能够印证这一观点的，还有它们显示出的共振关系。科学家们发现，冥卫二、冥卫五和冥卫三在经历一种名为"轨道共振"的过程，也就是说，它们绕冥王星和冥卫一公转的轨道周期呈现出一种呈比例的整数关系。例如，冥卫五每绕冥王星和冥卫一转两圈，冥卫三就绕冥王星和冥卫一转三圈（图 6.25）。

然而人们又发现，冥卫

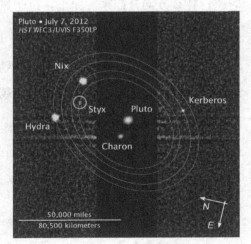

图 6.25　冥王星和它的卫星。中间是冥王星和冥卫一，其他 4 颗小卫星环绕它们运行。绿圈中的小点是冥卫五

二和冥卫三的表面很亮，但冥卫四却暗得多，这又引发了人们的怀疑，因为这表明，冥王星系统中的小卫星并不是一样的，而这样一来，它们产生于碰撞的说法又变得说不通了，原因是，假若这些卫星形成于一次撞击，那么，撞击激起的尘埃就会覆盖所有卫星的表面，它们看上去应该差不多亮才对。

图 6.26 "新地平线号"拍摄的冥王星和冥卫一

冥王星和冥卫一（图 6.26）的类似双星的运行状态还使那几个小卫星显得有些"无所适从"。假若你生活在冥卫二或者冥卫三上，你每天面对的太阳便的确是"新"的，因为你永远无法确定那个太阳会在什么时候，什么方向升起来。原来，由于冥王星和冥卫一的具有双星特征的运动，那些小卫星出现了无法预测的翻转。

2015 年 7 月，"新地平线号"开始飞掠冥王星，数据持续不断地涌向地球，冥王星的真面目也越来越清晰地呈现在人们面前。人们看到，冥王星的表面布满冻结的氮、甲烷和二氧化碳，地形复杂，地势险峻，有广袤的平原、延绵的山岭和流动的冰川，且仍然在发生着活跃的地质活动和大气活动。这一切令科学家们非常惊讶。

五、鸟瞰冥王星

冥王星背向冥卫一的地方有一块明亮的区域，科学家们称它为

"汤博区",是一个包括平原、丘陵和冰川的地区,也是冥王星最吸引眼球的地方,所以人们也称它为"冥王之心"(图6.27)。它的西部是覆盖着氮冰的斯普特尼克平原(图6.28)。东部则是绵延的山地和丘陵,也为氮冰所覆盖。人们看到,斯普特尼克平原的氮蒸发后进入冥王星的大气层,又在东边的丘陵上沉积下来,然后以冰川的形式重新流回斯普特尼克平原(图6.29)。

图 6.27 "汤博区"是一个包括平原、丘陵和冰川的地区

图 6.28 位于"汤博区"西部的斯普特尼克平原

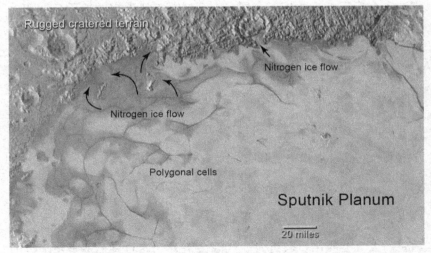

图 6.29 斯普特尼克平原的北部存在着很像地球上拥有的冰川活动。箭头所指显示氮冰流动的区域

图 6.30　冥王星的地表展示了地形的多样性。这是斯普特尼克平原以南的地区，有高山、峡谷和陨石坑

那冰川和地球上的冰川非常相似。在地球上，两极的水从海洋蒸发后变成雪落回地表，再通过冰川流回海洋，这就是地球上的冰川循环，而冥王星上也在发生着以氮为基础的冰川循环。除此之外，冥王星的地表还呈现了令人惊讶的多样性（图 6.30），这种多样性是撞击、地质活动、冰火山等多种因素造成的。

冥王星可能有一个石质的核，其直径大约占了冥王星直径的70%，核的外面是由水冰组成的幔，也许冥王星内部的热活动还会创造一个靠近地表的液态水层，它会使冥王星地表的地质活动和大气活动非常活跃、丰富和复杂。

冥王星也呈现了丰富的色彩，在某些方面，它很像拥有"阴阳脸"的土卫八，因为它的明暗对比很强烈，有的地方是白色的水冰，有的地方为深暗的颜色所覆盖，例如黑色、橙色和红色。从这些色彩上看，它又有点像火星和布满火山物质的木卫一。

冥王星的色彩隐藏着很多秘密，由于冥王星沿着一个椭圆轨道绕太阳运行，它的大气就呈现着周期性的变化。当冥王星距太阳较远时，大气会凝结，较近时，气温会上升，这时冥王星坚硬暗黑的地表会扩大，一些冰冻物质会蒸发，就像"汤博区"中的氮冰一

样。在"新地平线号"拍摄的图片中，人们清楚地看到了冥王星大气中的薄雾（图6.31），它们从地表延伸到100千米

图6.31 "新地平线号"拍摄的冥王星表面，可看到大气中的薄雾

的高空。这说明，冥王星上每天都在发生着天气变化，就像地球上一样。

奇怪的是，冥王星大气中的薄雾是蓝色的，这意味着它的天空看上去应该也是蓝色的，这种蓝色是构成雾气的氮粒子在阳光中发生散射的结果，科学家们将这种粒子称为索林斯。

本书前面在描述土卫六时，也谈到过索林斯，它是高空大气中形成的复杂大分子。在土卫六上，索林斯最后沉降到地面上，形成了独特的沙丘，而在冥王星上，它们把冥王星上的水冰变成了红色。

冥王星有天气现象，有大气层和雾，有地质活动，还有蓝天和水冰，它多像地球啊。

第三节 破解生命起源之谜

一、米勒-尤里实验

探测了冥王星后，"新地平线号"便向一个更加遥远的"柯伊伯带天体"飞去。"柯伊伯带天体"时常离开"柯伊伯带"进入太阳系的内侧，成为拖着长尾巴的彗星，而彗星是太阳系中更加神秘的天体（图6.32、图6.33、图6.34）。人们还认为，彗星可能给地球带来

大量的水，还可能把太空中生命的"种子"带到了地球，是地球生命的"使者"。

关于生命的起源，人们已经有了很多猜想和理论。最初，科学家们相信地球生命起源于 40 亿年前地球上某个温暖的湖泊或者池塘里。他们设想，地球大气中的化学元素在某种能量，如原始大气中的雷电作用下形成了氨基酸（图 6.35），进而形成蛋白质，最后出现了最原始的生命形式，从而扣开了地球生命的大门。

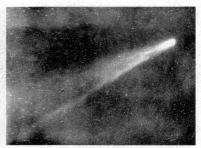

图 6.32　1861 年大彗星，发现于 1861 年 5 月 13 日　　图 6.33　1910 年 6 月 6 日拍摄的哈雷彗星

1953 年，美国芝加哥大学一位年仅 23 岁的研究生斯坦利·劳埃德·米勒产生了一个大胆的想法，他想在实验室中证实原始地球诞生生命的理论，重现地球生命诞生的过程。于是在其导师哈罗德·克莱顿·尤里的指导下，他设计制造了一套奇特的装置，里面有甲烷、氨和氢气，还有不断循环的水蒸气，它们的组成比例和人们认为的地球原始大气是相同的。然后，米勒用火花放电的方式重复模拟原始大气中电闪雷鸣的自然条件。他认为，这样一来，这个小小的试管便能浓缩原始地球苍海桑田的演化过程，重现几十亿年前生命诞生的重要时刻。

176

图6.34　洛夫乔伊彗星，发现于2011年11月27日

图 6.35　原始大气中电闪雷鸣的自然条件具有摧生生命的功能

米勒成功了！几个昼夜后，米勒共得到 20 种有机化合物，其中 11 种氨基酸中的 4 种：甘氨酸、丙氨酸、天门冬氨酸和谷氨酸，都是生物的蛋白质中含有的。米勒的实验有力地表明形成生命的分子完全可以在地球大气中自主地孕育而成。这就是著名的米勒‐尤里实验。这以后，其他学者也仿照米勒的方法进行了大量模拟实验，他们或改用紫外线、X 射线、γ 射线作能量刺激模拟的原始大气，或改换大气中的个别成分，结果都能产生氨基酸，乃至于组成蛋白质的 20 种氨基酸全用这种方法得到了。

二、"宇宙胚种论"

米勒‐尤里实验是否解决了生命起源的问题呢？回答却是否定的。这个实验虽然模拟了早期地球的环境，并且证明在那种环境中可以产生有机高分子物质，但早期的原始大气是否果真如米勒所模拟的那样有利于生命的产生却存在争议，况且地球的年龄相比起宇宙存在的时间是非常短的，在这么短的时间里，地球究竟有没有能力独立培养出自己的生命体系呢？

图 6.36　瑞典化学家斯凡特·阿列纽斯提出了"宇宙胚种论"的观点

1907 年，瑞典化学家斯凡特·阿列纽斯提出了"宇宙胚种论"的观点（图 6.36），他认为宇宙中原本就存在微生物，这些微生物作为物种的孢子在太阳光压的推动下漂向遥远的地方，如果遇到像地球这样的行星，它们就能把生命传播到那里去。阿列纽斯的假说遭到许多人的反对，他们指出，宇宙中到处是酷寒和高温，弥漫着致命的宇宙射线，生命怎么可能在如此恶劣的环境中进行太空旅行呢？

然而随着人们对宇宙环境和微生物了解的加深，人们发现微生物是非常顽强的，假若它们乘着彗星飞临地球的话，它们的旅行就有可能成功。持有这种观点的人以当代积极倡导宇宙胚种论的著名宇宙物理学家，英国加迪夫大学的弗雷德·霍伊尔为代表。霍伊尔认为，游弋于太空中的彗星可以成为生命诞生的温床。他推断，在太阳系形成的早期，彗星吸附了很多含碳的有机化合物，它们的碰撞运动和内部含有的放射性同位素为有机化合物的化合反应提供了足够的热能，这些热能可溶解原本冰冻的彗核，为有机化合物提供一个较为温暖的液态环境，于是，彗星内部就能出现生命的"胚胎"，同时，由于受到彗星外面仍然凝结的表面的保护，这些生命的种子并不会受到太空中严酷环境的破坏。霍伊尔推论，40 亿年前，这样的彗星冲进了原始地球的大气层，地球生命的大门从此敞开了。

三、寻找依据

霍伊尔的观点得到了两个方面的支持，一是人们发现，在地球的早期，大约 40 亿年前，地球确实遭受过大量彗星和小行星的撞击。那时的太阳系刚诞生不久，正处在极不稳定的状态中，气体巨行星把一些物体拉进了内太阳系，它们纷纷以极快的速度撞向内行星，所以那个时候的地球频繁地遭遇撞击，其躁动不安的状态无异于地狱，人们将那段时期称为"后期重轰炸期"（图 6.37、图 6.38、图 6.39）。"后期重轰炸期"听起来像个糟糕的时期，但一些科学家认为，正是在那个时候，地球从彗星那里得到了大量的水，一些有机分子也被彗星带到了地球上，地球才获得了诞生生命的条件，而大量的化石发现也表明，自那段时间后，地球上的生命便蓬勃地发展起来了。

图 6.37　水星上的伦勃朗陨石坑，直径 715 千米，是水星上第二大陨石坑，形成于"后期重轰炸期"结束时，年龄约 39 亿年

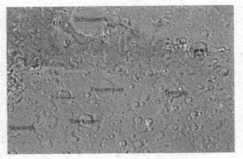

图 6.38　火星上也有很多大小不一的陨石坑

图 6.39　弗里德堡陨石坑，位于南非，形成于 21 亿年前一颗彗星或者小行星的撞击，是地球上目前已知的形成年代最早的陨石坑

第二个成为支持霍伊尔观点的力量来自于一次精心设计的模拟实验。科学家们曾经担心，彗星撞击地球时类似高温高压的极端环境会杀死其中的微生物。这表明，即使彗星撞击了地球，地球也不会获得生命，于是，有人又提出了一种可能性，这些人分析说，假若彗星在撞击地球前能将速度减下来，例如在地球大气的阻力之下充分地放慢速度，那么其中的一些水和有机化合物就有可能在撞击后幸存下来。在地球历史的早期，当大量彗星撞击地球的时候，有一些彗星的确是非常倾斜着撞向地面的。由于角度非常倾斜，它们受到了地球大气的更加顽强的阻挡，因此在撞击地面前，它们的速度确实大大地减缓了。根据研究，人们认为，要满足这个要求，彗星进入大气层时最理想的状态应该是飞行轨迹与地面的夹角不大于 25 度，这样的碰撞提供了人们所认为的生命必须的三个要素：液态水、有机物和能量。在"后期重轰炸期"，以这种状态入侵地球的彗星虽然十分稀少，但就传播微生物而言已经足够了。

四、模拟"彗星撞地球"

以理想状态撞击地球的彗星是否真能让其中的有机分子免遭破坏

呢？为了验证这个理论，科学家们设计了一个钢制容器，它很牢固，能承受用80毫米口径火炮射出的以每秒1.6千米的速度飞行的炮弹的轰击。容器的前面有一个不锈钢制成的靶子，直径2厘米，厚0.5厘米，靶子里含有5种氨基酸，其中的苯基丙氨酸、脯氨酸和赖氨酸是20种构成人体蛋白质的氨基酸中的3种，而另外两种：氨基丁酸和正缬氨酸则从默奇森陨石中发现过，这颗陨石于1969年落在了澳大利亚。科学家认为，它来自于一颗彗星的彗核（图6.40）。

图6.40 默奇森陨石的一部分，它来自一颗彗星的彗核

人们用火炮轰击那个靶子，炮弹以每秒一千米的速度撞击目标，这恰好模拟了彗星以25度角撞击地面的时的环境。轰击结束后，科学家分析了钢制容器收集到的物质，他们发现不仅靶子上氨基酸仍然存在，轰击还产生一些聚合成的由两个，三个或者四个氨基酸组成的链，即缩氨酸。长的缩氨酸链称为多肽，再长一些的就是蛋白质了。在这个实验中，科学家们看到了在不同温度，压力和持续时间下产生的具有不同含量的缩氨酸的变种。为了模拟冰彗星，他们也轰击了冰冻的靶子，结果氨基酸的存活率更高。

实验的结果令人鼓舞，它证明当彗星和小行星撞击地球时，它们上面的氨基酸可以免遭破坏并且还有可能转化成蛋白质。

然而，新的问题是，彗星中究竟有没有氨基酸呢？对于彗星传播生命理论的支持者来说，这个问题很关键。此前除了发现一些可供

产生生命的有机化合物外，氨基酸的发现并没有得到确凿的证实。生命的物质基础是蛋白质，而氨基酸则是组成蛋白质的基本单位。假若没有在彗星中发现氨基酸，宇宙胚种论的可信度就要大打折扣了。

五、"星尘号"任务

于是人们发射了一艘名为"星尘号"的彗星探测器（图 6.41），它于 2004 年飞越了"维尔特二号彗星"（图 6.42）。这颗彗星是 1978 年由瑞士天文学家保罗·维尔特发现的，直径大约 5000 米，年龄达 45 亿年。1974 年，这颗彗星飞过木星时被木星巨大的引力拉到了内太阳系，它的公转周期也从 40 年缩短到了 6 年。科学家们之所以选择这颗彗星作为"星尘号"的探测目标主要是因为它的绝大部分尘埃和气体都是原始的，保存得非常完好。

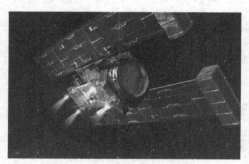

图 6.41 "星尘号"彗星探测器

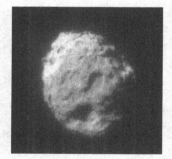

图 6.42 "星尘号"拍摄的维尔特二号彗星的彗核

"星尘号"的目的是获取维尔特二号彗星彗发中的彗星尘埃。为了不损坏尘埃，"星尘号"上的尘埃采集器用一种超低密度的气凝胶制成（图 6.43），这种材料有海绵状的多孔结构，绝大部分空间为真空。当星尘高速撞击气凝胶时，它们将埋进这种材料中并留下一个很长的轨迹，这样一来，它们就得到了一个减速的过程从而避免被损坏，这就像飞机落地时的制动减速一样。由于气凝胶是近乎透明的，科学家们能依照轨迹找到它们并推断它们来自宇宙的哪个方向。

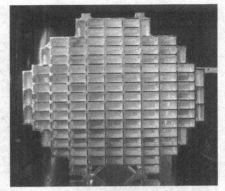

图 6.43　用气凝胶制成的星尘采集器

2004 年 1 月 2 日，"星尘号"来到距维尔特二号彗星的彗核只有 240 千米的地方，这

时，它伸出了它的尘埃采集器，然后从彗星的彗发中收集了彗星的尘埃样本。2006 年 1 月 15 日，"星尘号"返回舱在美国犹他州大盐湖沙漠着陆，它终于第一次成功地将彗星的尘埃带回到了地球。

几年以后，即 2009 年 8 月，科学家们宣布说，他们在"星尘号"飞船带回的彗星尘埃样品中首次发现了一种简单的氨基酸——甘氨酸，这一发现在一定程度上支持了地球生命产生于彗星的假说。虽然是简单的氨基酸，但它们的存在至少为生命的出现提供了可能，也为人们进一步研究彗星提供了新的动力。

第四节　飞往太阳系的"罗塞塔石碑"

一、"罗塞塔号"彗星探测器

几乎是在"星尘号"计划实施的同时，欧洲空间局发射的彗星探测器"罗塞塔号"（图 6.44）也正在飞往另一颗彗星。这颗彗星叫"丘留莫夫 - 格拉西缅科彗星"，是一位苏联天文学家丘留莫夫在检视一幅天文照片时发现的，而那幅照片的拍摄者是他的同行格拉西

缅科，所以这颗彗星被命名为丘留莫夫-格拉西缅科彗星（图6.45）。

图 6.44 "罗塞塔号"彗星探测器

图 6.45 "罗塞塔号"拍摄
的丘留莫夫-格拉西缅科彗星

丘留莫夫-格拉西缅科彗星在 1840 年以前很难观测到，因为那时它太远。1840 年前后，由于受到木星引力的拉动，它的近日点从 4 个天文单位缩小到了 3 个天文单位。在随后的几十年里，这颗星的近日点进一步缩小为 2.77 个天文单位。1959 年，它又一次靠近木星，这一回，木星的引力把它拉到了近日点只有 1.29 个天文单位的地方，这样，它才被人们观测到。现在，这颗彗星的公转周期是 6.57 年，正沿着一个近日点 1.29 个天文单位，远日点 5.7 个天文单位的椭圆轨道绕太阳运行。

这颗彗星在 2004 年 3 月 2 日成了"罗塞塔号"彗星探测器的追逐目标。那一天，"罗塞塔号"被"阿丽亚娜 5 型"火箭送上了一个复杂的内太阳系轨道。此后 10 年，它就在这条轨道上一刻不停地奔驰。2005 年 3 月，它绕回地球，借助地球的引力奔向火星。2007 年 2 月 24 日，它在距火星不足 250 千米的地方掠过火星。同年 11 月 12 日，负责扫描近地危险天体的小行星中心发出警告说，一个不明天体正在快速向地球飞来，它将从距地球 5600 千米的高处掠过，但仍有

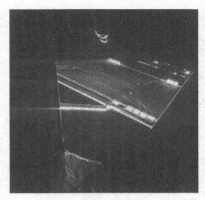

图 6.46 "罗塞塔号""约会"了丘留莫夫 - 格拉西缅科彗星。这是它的"自拍照",形成了它和丘留莫夫 - 格拉西缅科彗星的"合影"

与地球相撞的危险。13 日,这个"不明天体"在太平洋和智利西南部 5600 千米的上空以每秒 12.5 千米的速度掠过地球。后来人们才知道,这个"不明天体"就是"罗塞塔号",它就这样给地球一个虚惊后又加速地离去。2009 年 11 月,"罗塞塔号"再度返回地球并再一次与地球擦肩而过。它之所以选择如此复杂的线路,不断地飞临地球和火星也是为了借助这两颗星球的引力提高速度和节省燃料,而它最终的目的地是一个远离地球 5 亿千米的地方,那里距太阳 6.75 亿千米。2014 年,它在那里"约会"了丘留莫夫 - 格拉西缅科彗星(图 6.46)。

二、"罗塞塔"的含意

为了庆贺"罗塞塔号"发射成功,欧洲南方天文台于"罗塞塔号"上路不久公布了一幅丘留莫夫 - 格拉西缅科彗星的照片。由于距离遥远,即使使用先进的直径 3.5 米新技术望远镜,这颗彗星在照片上显示的图像也只是一个暗淡的小点,人们

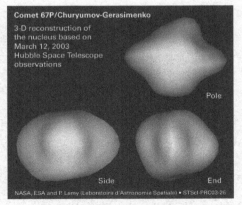

图 6.47 "罗塞塔号"抵达丘留莫夫 - 格拉西缅科彗星前,科学家们根据望远镜拍摄的照片和资料合成的这颗彗星的三维电脑图像

很难看清它的真面目。不过 2003 年 3 月 12 日，哈勃太空望远镜也为这颗彗星拍了一张照片。科学家根据拍摄的照片和现有的资料合成了一幅三维电脑图像，显示了这颗彗星的彗核结构。它直径 4000 米，呈橄榄形，这与人们实际见到的彗星有差异，但也是当时人们对这颗星最接近真实的了解了（图 6.47）。

图 6.48　存放于大英博物馆的罗塞塔石碑

罗塞塔这个名字来源于 1799 年在埃及港湾城市罗塞塔发现的一块石碑，人们称之为罗塞塔石碑（图 6.48）。石碑制作于公元前 196 年，上面用古希腊文、古埃及文和当时的通俗体文字刻着古埃及国王托勒密五世的诏书。由于三种文字表述同样的内容，近代考古学家便获得了一个对照三种文字解读已失传千年的古埃及象形文字的难得机会。通过对石碑上几种文字的研究，并参考另一块来自菲莱岛的方尖碑，法国学者让·弗朗索瓦·商博良最终破解了古埃及象形文字的秘密。他意识到，一直被认为是用形表义的古埃及象形文，原来也是具有表音作用的。这一重大发现成了解读所有古埃及象形文的关键线索，也正是因为这个缘故，罗塞塔石碑才被认为是了解古埃及语言与文化的钥匙，"罗塞塔"这个词也有了"理解某事物的钥匙"的含意。人们把前往丘留莫夫－格拉西缅科彗星的太空探测器命名为"罗塞塔"，其喻意也在这里。他们希望"罗塞塔号"能不负众望，通过对彗星的探测破解太阳系起源和生命起源的秘密。如果事遂人愿，这将是科学史上的重大突破，它有助于人们得到一把理解太阳系和生命起源奥秘的"钥匙"。

三、飞掠了两颗小行星

然而开始的时候，科学家们选定的目标并不是丘留莫夫 - 格拉西缅科彗星，而是另外一颗名为"维尔塔宁"的彗星。他们计划2003 年 1 月用"阿丽亚娜 5 型"火箭把"罗塞塔号"从库鲁航天中心发射升空，2011 年 11 月探测器抵达维尔塔宁彗星并开始对这颗彗星进行环绕探测，次年 7 月，"罗塞塔号"再释放着陆器着陆彗核并在上面做钻探研究，同时将获得的结果发回地面。这项计划构想宏伟且极富创意，然而实施过程却很不顺利。就在"罗塞塔号"上路的前夕，"阿丽亚娜 5 型"火箭发射失败，而排除故障又耗去了几个月时间，这样一来，原定的计划只好搁浅，升空时间一拖再拖。由于错过了发射窗口，科学家们不得不放弃维尔塔宁彗星，他们重新选择了一个新目标，这就是丘留莫夫 - 格拉西缅科彗星。

价值 10 亿美元的"罗塞塔号"重约3 吨，由轨道器和名为"菲莱"的着陆器组成（图 6.49）。轨道器装备有 12 台科学仪器，着陆器携带 9 台科学仪器。"罗塞塔号"配有太阳能电池板，展

图 6.49　"罗塞塔号"由轨道器和名为"菲莱"的着陆器两大部分组成

开后长达 14 米，能保证它在长途旅行中拥有足够的电力。

2008 年 9 月 5 日，"罗塞塔号"顺路飞掠了小行星"斯坦"（图 6.50），这颗星很小，宽若 6 千米，位于火星和木星之间的小行星带中。"罗塞塔号"发现斯坦星的北半球有一个大陨石坑，直径达两千米。大陨石坑周围环绕着七个小陨石坑，它还发现斯坦星上有不少被太空岩石撞击的斑痕，表明斯坦星非常古老。

2009 年 7 月 10 日，"罗塞塔号"飞临另一颗小行星"司琴"（图 6.51）。司琴星比斯坦星大得多，直径超过 100 千米，1852 年 11 月 15 日被发现，是人类发现的第 21 颗小行星。"罗塞塔号"发现司琴星是一颗高密度的小行星，因为在它飞掠这颗小行星时，它的轨道受司琴星引力的拖拽而发生了偏移。人们推测，司琴星可能是人类探测器飞临的最完整的一颗小行星，因为这颗星的个头和密度使它很难被其他星体撞成碎片，所以人们看到的是它 46 亿年前形成时的样子。司琴星的更多矿物学构成也是科学家们非常想知道的，但"罗塞塔号"不能停留，它的目标不是小行星，遥远的丘留莫夫 - 格拉西缅科彗星正在招唤它。

图 6.50 "罗塞塔号"拍摄的小行星"斯坦"

图 6.51 "罗塞塔号"拍摄的小行星"司琴"

四、"你好，世界！"

接下来，"罗塞塔号"基本是"沉默"着在茫茫太空中旅行。从2011年6月至2014年1月，地球上的人们有31个月没有听到它的任何消息，这是因为"罗塞塔号"在这段时间里一直行进在离太阳十分遥远的木星轨道之外，那里离温暖的太阳接近8亿千米，"罗塞塔号"的太阳能电池板产生的能源不到地球附近的4%。在这种情况下，"罗塞塔号"的几乎所有设备都关闭了，它以一种"休眠"的模式在黑暗深邃的太空中孤独地漂泊。

"休眠"是为了节省能源。"罗塞塔号"真正的探险在后面，那时它有很多事情要做，所以节省能源是非常必要的。

然而经过了近三年漫长的"休眠"后，"罗塞塔号"的醒来亦是一个令人焦虑的过程。首先，一个"闹钟装置"负责唤醒"罗塞塔号"进入工作状态。机载电脑开始工作，它要接通两个加热器，为星体跟踪定位装置提供热量，使之进入工作状态。在这个装置的帮助下，"罗塞塔号"知道自己身在何处了。接下来，"罗塞塔号"必须找到地球，这项工作也是依靠星体跟踪定位装置完成的，这个装置扫描天空，根据星座和机载星图确定地球的方位，有了这些数据后，"罗塞塔号"才终于将天线指向了地球。它醒来了！人们收到了它向地球发送的一个深情的问候："你好，世界！"（图6.52）。

图 6.52 "罗塞塔号"醒来了，科学家们欣喜若狂

此时的"罗塞塔号"距地球如此遥远，它向地球发回的问候乘着电波在太空中穿行了 45 分钟后才被人们接收到。

五、当彗星靠近了太阳

要读懂隐藏在彗星中的"罗塞塔石碑"是很不容易的。在此之前，一些彗星探测器已经做了大量工作，例如前面提到的"星尘号"就收集了彗星的尘埃样本，另有一些拍摄了彗星的影像，或者接近彗核拍摄了彗核的"近照"，这些工作大大丰富了人们有关彗星的知识，也使人们了解到，彗星拥有多种多样的行为和外表，它们像人一样彼此不同。

图 6.53 "罗塞塔号"拍摄的丘留莫夫－格拉西缅科彗星的喷流

当一颗彗星靠近了太阳，它在行为上的表现尤为精彩，这时太阳光会渐渐照亮冰冻的星体，越来越多的热量使彗星的表面物质变成气体逃离彗星。在有些地方，这个过程特别活跃，于是就产生了一些喷流（图 6.53）。随后，被蒸发的物质混杂大量气体与尘埃在太阳光压的作用下形成长达数万千米的彗尾，整个过程随着太阳热度的增加愈演愈烈。

假若人们能够看到一颗彗星在接近太阳时的所有表现，那么，对彗星的了解就会非常全面和透彻，这也正是"罗塞塔号"想做的事情。"罗塞塔号"是一个非常聪明能干的"彗星行为学家",它要靠近彗星,还要跟踪彗星,仔细地观察它如何渐渐地靠近太阳,这很像我们渐渐地走近一位我们希望结识的陌生人,我们靠近他,了解他,最终使他成为我们熟悉的朋友。

图 6.54 "罗塞塔号"与丘留莫夫-格拉西缅科彗星实现了"约会",这是它在离彗核表面 130 千米的地方拍摄的影像

2014 年 5 月,"罗塞塔号"进一步靠近了丘留莫夫-格拉西缅科彗星,8 月,它成功进入到了环绕彗星飞行的轨道(图 6.54)。这时丘留莫夫-格拉西缅科彗星正运行在它的远日点上,"罗塞塔号"选择远日点会合这颗彗星就是为了观察它接近太阳的全部过程。

六、像一只小鸭子

会合丘留莫夫-格拉西缅科彗星后,"罗塞塔号"在距彗核几千米的地方环绕这颗星运行。11 月,"罗塞塔号"释放了"菲莱"着陆器(图6.55、图6.56),这是人

图 6.55 "罗塞塔号"的着陆器"菲莱"脱离母船后渐渐远去,这是"罗塞塔号"轨道器拍摄的"菲莱"离去时的"背影"

类的探测器第一次在一颗彗星上实现软着陆。由于这颗彗星的彗核

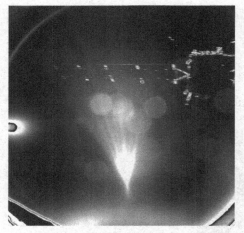

图 6.56 "菲莱"离开母船"罗塞塔号"后也"回望"了母船，这是它离开时拍摄的"罗塞塔号"。图像显示了"罗塞塔号"很长的太阳能电池板

直径只有 4 000 米，引力很小，所以 100 千克的"菲莱"像纸片一样地飘落到彗星上，而此时，富于戏剧性的一幕出现了。"菲莱"的固定装置没有成功启动，这导致它触地后又被反弹，它窜到 1600 米的空中再度落下，如此弹跳了几次，结果落到了一个阴影处，在那里，"菲莱"的太阳能电池板无法接收到阳光，"菲莱"只好进入到了休眠状态。

好在彗星处于运动状态中，它的上面也是有季节的。随着夏季的到来，"菲莱"上的太阳能电池板又逐渐可以接收阳光了。2015年 6 月，沉睡了 7 个多月的"菲莱"终于醒来。随着彗星靠近太阳，阳光变得更充足，"菲莱"又开始工作了。它观察慧核的表面，分析矿物构成和同位素成分，寻找是否存在有机物质；它研究彗核的各种物理特性，拍摄彗星的周边环境，并将获得的数据通过"罗塞塔号"传回地球。

与此同时，"罗塞塔号"则作为轨道器继续追随丘留莫夫 - 格拉西缅科彗星一步步地接近太阳。

丘留莫夫 - 格拉西缅科彗星像一只小鸭子，它的主体包括"鸭头"和"鸭身"两部分（图 6.57），中间连接两者的地方细一些，形成了一个的"鸭脖子"。人们推测，也许很久以前，两个较小的天体相撞了，它们粘在了一起，形成了这颗彗星，但也有可能是一个很大的天体受到侵蚀变成了今天这个模样。"罗塞塔号"还发现这颗彗星拥有令人惊讶的复杂地貌，包括平滑的表面，陡峭的悬崖和形形色色的沟壑及凹地等（图6.58）。

图 6.57　丘留莫夫－格拉西缅科彗星有点像小鸭子，由"鸭头"和"鸭身"两个部分组成

图 6.58　丘留莫夫－格拉西缅科彗星拥有复杂的地貌

七、彗星与生命

随着时间的推移，这颗彗星离太阳越来越近了，当它运行到距太阳约 5 亿千米的近日点时，冰冻的表面开始蒸发，扩散出的气体与尘埃形成长达数万千米的彗尾，而"罗塞塔号"也亲眼见证了彗核上的物质逐渐蒸发并记录了蒸发的整个过程，它用自己携带的仪器

图 6.59　这是"罗塞塔号"在距彗星表面 10 千米的地方拍摄的影像

研究慧核的物质构成，分析物理和化学的变化，分析电磁及引力的特征，探测慧发中密度越来越大的气体和尘埃，还拍摄了不少影像（图6.59）。

"罗塞塔号"发现这颗彗星上有水冰存在，但形成水冰的水和地球上的水并不一样，它们包含了较多的重氢，这表明地球上的水有可能并非来自于彗星，也许地球水的真正来源是小行星，还有一种可能是地球在形成的时候就已经存在水了。

与此同时，着陆后的"菲莱"（图6.60）也在彗星上发现了可以

图6.60　画家笔下着陆在彗星表面的"菲莱"着陆器

形成糖和氨基酸的分子。糖和氨基酸是组成生命的基石，在彗星上发现这种分子证明这些最终转化成了地球生物体的有机化合物在太阳系的早期就已经存在了。也许在太阳系的历史中，彗星一直忙着运送水和尘埃，它们把生命的种子传播到了很多地方，地球可能就是一个这样的地方，但难道只有地球吗？在太阳系中，是否还有其他这样的地方呢？

对丘留莫夫－格拉西缅科彗星的探测是人类探索宇宙的非常精彩的一笔，它像一部宏伟的太空大片一样展示了探测器对一个微小星体实施追逐，环绕和着陆等一系列高难度动作的精彩过程。

"罗塞塔号"为破解生命起源之谜作出了重大贡献，但它是否已让自然之神向我们亮出了生命起源的最后谜底呢？恐怕也未见得。

生命究竟是如何产生的？起源于何处？这是一个非常复杂的问题，人们还需等待更多的研究结果。然而，也许我们应该重视生命与彗星之间的联系了。在 40 亿年前，说不定真是彗星为地球带来了生命的种子。我们可以想象一颗这样的彗星飘荡在黑暗的太空中，它可能就这样飘荡了多少亿年。终于有一天，它很偶然地靠近了一颗后来被人类称为地球的行星。伴随着一阵可怕的颤动，轰鸣，火光和无法形容的炽热，它的旅行结束了，仿佛一切都安静了下来。时光划过了 40 亿年，那颗生命的种子渐渐改变了地球，它可能为地球带来了一只生活在远古海洋中的三叶虫或者鹦鹉螺，一只鸟或者蝴蝶，一颗树或者一头长毛象，一个生活在冰河时期的尼安德特人或者一个在水边梳妆的河姆渡少女……

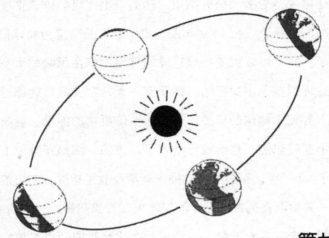

第七章
追逐日月的太空飞行

第一节　太阳周围的"探日明星"

一、动荡的"日冕"

　　当"新地平线号"越过了冥王星，人类探测太阳系的又一个崭新时代就拉开了序幕，因为从此以后，冥王星以外更加辽阔的太阳系就成为人类下一步的探索区域了。那里有幽暗的柯伊伯带和尚未进入人类视野的奥尔特云。那是一个更加神秘且更加辽阔的未知区域，人类一定会派新的探测器进入那片区域，未来的太阳系探索将是一个更加激动人心的发现之旅。

　　大致上说，对于太阳系中已知各大行星和卫星的探测，太空探测器已经充分发挥了作用。不过除此之外，不要忘了还有两颗对我们的生活影响最大的星球——太阳和月亮。和探索整个太阳系一样，人类一跨进太空时代，对它们的研究便进入到一个崭新的阶段。

人类大规模探测太阳开始于航天时代的早期。1960 年 3 月，美国发射了"先驱者 5 号"探测器。"先驱者 5 号"进入到一条绕太阳运行的椭圆轨道，测量了行星际磁场、粒子和太阳风，它发现地球磁场向着太阳的一面被太阳风压缩了，而另一面则向外延伸到 500 万千米之外的地方。人类对日地之间的行星际空间有了初步的认识。

再后来，"先驱者"系列中的其他探测器，包括"先驱者 10 号"、"先驱者 11 号"也对太阳进行了一系列探测，另外如"旅行者 1 号"、"旅行者 2 号"、"太阳神号"（图 7.1）也肩负了探测太阳的使命，其中"太阳神号"是主要研究太阳和近日星际空间的太阳探测器，当它运行到太阳附近时，其速度极快，创造了人类飞行速度的最高记录。

图 7.1　太阳探测器"太阳神号"

太阳探测器能在距太阳很近的地方研究太阳，这使得人们对太阳的认识有了质的飞跃。

太阳也有自己的大气，由光球层、色球层和日冕层三部分组成。光球层和色球层都只有几千千米厚，而最外面的"日冕层"则从太阳的表面一直延伸到冥王星以外的地方。平时我们几乎看不到日冕，

因为和太阳本身相比，日冕显得太暗，只有在日全食的时候，由于月亮的遮挡，日冕的光芒才能被我们看到。

图7.2　太阳探测器"SOHO"拍摄的日冕物质抛射

就像地球大气中有天气变化一样，日冕也有天气变化，而且变化频繁。十几亿吨的日冕物质在其中被抛射（图7.2），高能辐射和太阳风以上百万千米的时速横扫辽阔的空间，太阳系中的每颗彗星、小行星和行星都暴露在它们的冲击之下。

二、太阳风暴

太空天气中最可怕的天气现象是"太阳风暴"，它是太阳内部巨大能量的极端表现，时常和太阳耀斑"相伴而生"。

多数情况下，太阳能量的散发看上去几乎是恒定的，然而有时候，它会突然在很短时间里抛射极多的能量，这就是太阳耀斑，它可以持续数分钟到1小时，其能量超过几千个核弹同时爆炸的威力，比平常整个太阳大气所蕴藏的能量还要大。

耀斑是太阳风暴的发源地，现在人们知道，当大黑子群（图7.3）出现的时候，由于太阳活动的加剧，太阳有时会突然在很短的时间里抛射极多能量，它表现得非

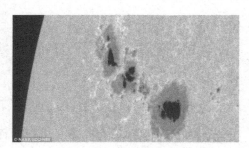

图7.3　太阳上的黑子群

常狂躁，巨大的耀斑、壮观的日珥暴发、大量的日冕物质抛射如期而至，这些剧烈的活动就被人们习惯性地称为"太阳风暴"。所以太阳风暴又往往发生在太阳黑子活动的极大期，特别是大黑子群出现的时候。

好在地球有一层很厚的大气层和完美的磁层，所以一直以来，类似"太阳风暴"这种狂躁的太阳活动并没有严重伤害到人类（图7.4），因为此前，我们人类

图 7.4　由于地球磁层的保护作用，太阳的剧烈活动并没有严重地伤害到人类

的绝大部分活动都并没有超出地球的大气层，即使有些类似电力中断和无线电通信中断之类的麻烦也并无大碍。

然而今天的世界和以往已经大不相同了，文明正在不可阻挡地向太空延伸，人类生活开始越来越依赖那些布设在大气层之外或即使处于大气层之内也易受太空天气影响的各类设施了。现在，有数量庞大的人造卫星群正在环绕地球运行，我们依靠它们看电视，打电话，上网，导航，发布天气预报，所有这些卫星都容易受到太空天气变化的影响，而且还包括人类本身，未来的宇航员将登陆月球和火星，他们不得不暴露在地球磁泡的外面，他们的太空船将直接在脱离地球磁场保护的太阳大气中飞行。

所以研究太阳对今天的人类就尤为重要，而人们研究太阳的一个重要方法就是发射太阳探测器。

三、太阳探测器"SOHO"

太阳风暴多发生于太阳活动的极大期，即太阳活动的峰年。20

世纪 80 年代，美国发射了太阳峰年卫星，专门对太阳活动的峰年进行探测。90 年代，美国和欧洲空间局发射了太阳和日球层观测台"SOHO"（图 7.5），开始了一次规模空前的太阳探测活动。

SOHO 总长 3.8 米，重 1850 千克，携带有太阳大

图 7.5　太阳和日球层观测台"SOHO"

气遥感仪、太阳风测量仪、太阳震动测量仪等 3 类 11 种探测仪器，每天 24 小时不间断地向地球传回大量太阳的信息。它曾捕捉到一次壮观的太阳喷射现象，那次喷射持续了 5 个小时，喷射物延伸 56 万千米，主要成分为氮和氦，总重量达 100 亿吨。SOHO 还发现了巨大的太阳旋风，它的大小相当于一个地球，时速高达 50 万千米，比地球上龙卷风的移动速度快上千倍。1999 年初，SOHO 找到了太阳风的来源。太阳风是太阳外层大气中的电子和质子流。20 世纪 50 年代以后，天文学家发现耀斑时炽热的氢被抛得很远，有些会克服太阳巨大的引力射入广阔的空间，于

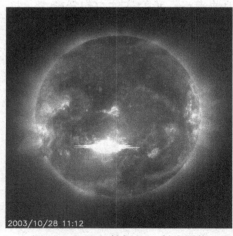

2003/10/28 11:12

图 7.6　SOHO 拍摄的 X 射线图像，显示了太阳上壮观的耀斑

是就将这种向外喷涌的质子流称为"太阳风",但它们来自哪里却一直没有弄清楚。这次 SOHO 探测到,太阳风来自太阳表面蜂窝状磁场的边缘,它们以每小时 300 万千米的速度闯入太空。SOHO 还探测到,太阳耀斑(图 7.6)的时候伴随有太阳内部的强烈震动,这种震动似乎也是由耀斑引起的。SOHO 让人类首次近距离目睹了很多令人无比震惊的太阳景观。

SOHO 以及其他太阳探测器的探测活动一直局限于太阳的赤道地区。科学家们还希望从太阳的极地上空观测太阳,这个设想早在 20 世纪 50 年代就产生了,只是由于运载火箭缺乏强劲动力,探测器难以直接进入抵达太阳极地上空的环太阳轨道才一直未能实现。

四、"尤利西斯"飞越太阳极区

20 世纪 70 年代,航天动力科技已经相对成熟,科学家们开始考虑实施一项名为"脱离黄道"的太空计划,他们的设想是,发射两艘太阳探测器飞往木星,借助木星的引力使这两艘探测器跃出黄道面,然后分别沿着与黄道面成近乎垂直的轨道飞往太阳的南极和北极上空,从而实现对太阳两极的直接观测。1976 年,这项计划得到正式认可,初步决定 1983 年 2 月将这两艘太阳探测器发射升空。

然而进入 20 世纪 80 年代后,美国把注意力集中在了航天飞机上,其他太空计划则在资金上受到不同程度的减缩,这其中也包括"脱离黄道"计划,于是欧洲空间局决定自己研制一艘太阳探测器,其上的部分仪器由美国提供,并由航天飞机搭载升空,这艘太阳探测器就是"尤利西斯号"(图 7.7)。

"尤利西斯号"由德国制造,重 385 千克,搭载有 9 种探测仪器,

设计寿命为 5 年，但它却工作了 17 年，在这 17 年里，它每 6.3 年绕太阳一周，其绕行太阳的轨道面与太阳赤道近乎垂直。1994 年和 1995 年，它第一次飞越太阳两极，那时的太阳处于活动的极小期，第二次飞越两极是 2000 年和 2001 年，那时的太阳迎来了它活动的极大期，而"尤利西斯号"最后一次飞越北极是 2008 年 1 月。

"尤利西斯号"是以太阳两极为目标的，当它从太阳赤道上空飞向两极时，可以完整地观测太阳从赤道到极区的所有部分，对太阳表面一览无余，这是其他探测器未曾办到的（图 7.8）。

图 7.7　太阳探测器"尤利西斯号"被航天飞机释放到太空

图 7.8　"尤利西斯号"飞越太阳的南极和北极，以独特的视角观测太阳

"尤利西斯号"发现，太阳两极的温度并不一样，北极的温度低于南极，它还发现两极的太阳风速度极高，达到每秒 800 千米，是赤道太阳风速度的两到三倍。"尤利西斯号"对太阳极区的密度、磁场、带电粒子、宇宙射线、X 射线等进行了全面的观测，它获得的大量数据对人类进一步了解太阳的结构和性质提供了极大的帮助。

五、"尤利西斯"穿越彗尾

"尤利西斯号"在太空中飞行了 17 年，在如此漫长的时间里，它也遭遇了一些奇异的事，如多次探测到来自木星系统的尘埃爆发，还三次遭遇了彗星的尾巴，并从彗尾中穿过。

图 7.9　哈勃太空望远镜拍摄的百武彗星

1996 年 5 月 1 日，人们从"尤利西斯号"发回的数据中发现正常的太阳风数据被一些以前从未在太阳风中出现的气体数据所取代，于是人们惊讶地发现，"尤利西斯号"经过了百武彗星（图 7.9）的彗尾，而这颗彗星的彗核当时正处在太阳系的另一边，因此人们推算这条彗尾的长度达到了 5.7 亿千米，是日地距离的四倍，这是人类发现的最长的彗尾。

第二次遭遇彗尾是 2004 年，那次"尤利西斯号"穿越了麦克诺特 - 哈特利彗星的离子尾。按照当时"尤利西斯号"所在的位置，它是不会遭遇这条彗尾的，然而事不凑巧，当时太阳刚刚经过了一次日冕物质喷发，喷发将彗星物质带到了"尤利西斯号"附近，于是凑成了"尤利西斯号"和彗尾物质的相遇。

第三次是 2007 年 2 月，"尤利西斯号"在距麦克诺特彗星（图 7.10）的彗核约 2 亿 5700 万千米的地方穿越了它的离子尾。"尤利西

图 7.10　麦克诺特彗星

斯号"发现，原本速度应高达每秒 800 千米的太阳风在彗尾中降到了每秒 400 千米以下。

2008 年 1 月 14 日，"尤利西斯号"第三次越过太阳北极。人们打算让它接下来再次飞越太阳南极，这样它就完成了环绕太阳三周的旅行，然而不久以后，人们便发现"尤利西斯号"的能量已十分微弱，它的燃料将在远离太阳时渐渐冻结，最后导致无法传回数据，也无法实施操控。

"尤利西斯号"多次成功飞越太阳极区，实现了在太阳活动周期中的不同时期对太阳南北两极的直接观测，长达 17 年的传奇之旅为科学家们提供了极为丰富的探测数据，人类对于太阳的认识获得进一步的深化。

六、"与日同在"——与太阳和谐相处

就在"尤利西斯号"一次次飞越太阳两极的同时，人类对太阳探测的又一个更加宏伟的计划也拉开了序幕，这个计划叫"与日同在"，开始于 2001 年，目的是解决与太阳大气相关的问题。人们要发射一组观测太阳大气的探测器，它们布设在太阳周围和日地之间，从不同的方位观测和研究太阳以及日地之间的空间环境，包括"太阳动力学观测台"（图 7.11）、"太阳探测器加号"、"太阳哨兵"、"辐射带风暴探测器"和"电离层 - 热层风暴探测器"等 5 种，这样大规模和系统的太阳探测是前所未有的。

图 7.11　太阳探测器"太阳动力学观测台"

"太阳动力学观测台"的主要任务是描绘太阳磁图并通过监视太阳表面的震动以探求太阳内部的情况。科学家们认为，太阳表面的活动，例如黑子和耀斑等都来自于太阳磁场的变化，而太阳磁场又受控于太阳内部的磁场发动机制。"太阳动力学观测台"试图揭示太阳活动的根源。

"太阳动力学观测台"已"初战告捷"。科学家们通过这艘探测器清晰地观测了太阳大气中的磁力线结构，并从中发现了耀斑和日珥抛射（图 7.12）之间的某

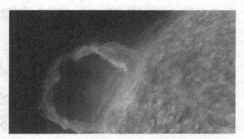

图 7.12 "太阳动力学观测台"拍摄的日珥抛射

种联系。当一个耀斑发生时，太阳大气中的磁力线会在激波的扰动下变得不稳定从而引发一次日珥抛射。了解了这个过程后，人们就可以更好地理解太阳的"脾气"，也便于更准确地发布"太空天气预报"了。

图 7.13 接近太阳的"太阳探测器加号"

"太阳探测器加号"是一艘耐热的探测器（图 7.13），它的"拿手好戏"是进入太阳大气深处，并在那里为太阳风和磁场实时采样，其主要任务是揭示太阳的两大谜团，一是太阳日冕的高温，另一是太阳风令人疑惑不解的加速度。它必须

飞得离太阳很近，最近时距太阳七百万千米，只相当于太阳半径的九倍，在那里，太阳看上去比我们在地球上看到的大 23 倍。

"辐射带风暴探测器"的任务是研究日地关系。"电离层 - 热层风暴探测器"则环绕地球运行，研究地球的高层大气，那里是带电粒子影响无线电波的地方。"太阳哨兵"包括 7 艘太阳探测器，它们围绕太阳从不同的侧面对太阳进行观测和研究，并首次向科学家们提供太阳活动的全方位图像。

太阳与人类的生活密切相关，这是人所共知的，然而人类并没有真正了解太阳，尽管人们已经做了很多工作，但还远远不够。在今天这个人类活动向外太空日益延伸的航天时代，研究太阳和日地之间的空间天气已经成为摆在人类面前的重大课题。人们期待"与日同在"计划能帮助人类进一步了解我们自己的恒星——太阳，并学会与它和谐相处。

第二节　冰轮如何升起

一、月亮之母"忒伊亚"

在太阳系里，对地球影响最大的天体除了太阳以外，另一个无疑就是月亮了。从古到今，当黑夜降临，月光普照，人们头顶上的月亮就如同一个问号一般引发无穷的追问。它是怎么来的？是从什么时候出现在夜空中的呢？

月亮是地球的一颗卫星。在我们的太阳系中，多数行星都有卫星，那些卫星又是如何来的呢？

有些卫星来自于非常遥远的地方，它们在接近太阳系中的某颗行星时被那行星巨大的引力"俘获"了，于是就变成了环绕那行星

运行的"月亮"。

人们也用这种过程来解释月亮的起源，这就是"俘获说"。这种假说认为月亮来自于另一个地方，是被地球"俘获"的。这一假说看起来很合理，但稍加留意就会发现明显的瑕疵，因为月亮太大了，它的直径超过地球直径的四分之一，在我们的太阳系中，没有其他大行星像我们的地球这样，拥有一颗相对于自己来说如此巨大的卫星。这样大的家伙，地球又怎么能"俘获"得到呢？

1879 年，英国天文学家乔治·达尔文（图 7.14），就是那位创立了进化论的著名生物学家查尔斯·达尔文的儿子，意识到地球自转的速度在地月潮汐力的影响下正逐渐地变得缓慢，而月亮也在渐渐地远离地球。由此，达尔文推测，月亮在远古的时候一定离地球非常近，乃至于它曾经就是地球的一部分。他说，早期的地球自

图 7.14　英国天文学家乔治·达尔文

转得非常快，于是把自身的一部分甩到了太空中，这就变成了月亮。由于月亮形成的时候离地球非常近，它的存在就使地球的自转逐渐变慢，自己也一点点地远离地球并最终到达了今天所在的位置。

达尔文的这个理论被称为"分裂说"，它很好地解释了地月关系中的很多现象，但到了 20 世纪早期，行星动力学家们又在这种学说中找到了破绽。他们发现，假若月亮果真是被地球甩出去的，那么

当时的地球便必须自转得非常快，但人们的研究显示当时地球的一天是 4 ～ 5 个小时，而达尔文的理论若要成立，地球自转的离心力就必须超过地球的引力，并且要足以将地球撕开，这样一来，地球的自转便必须快到大约每两小时自转一周，否则根本不足以将自己的一部分甩出去。

达尔文的理论就这样被搁置了下来，另外还有一种名为"同源说"的理论，这种理论认为，地球和月亮具有相同的起源，都是由太阳系星云吸积而成的。但人们发现，地球和月亮在结构上很不相同，这个现象用"同源说"也解释不通。

月亮诞生的这三种假说都有不能自圆其说的地方，于是，在 20 世纪 80 年代中期，天文学家们又提出了一个解释月亮起源的新理论——"大碰撞说"。这种理论在此后得到了进一步的完善和发展。"大碰撞说"认为，在 45 亿年前，原始的太阳系里存在过一颗火星大小的行星，由于周围星体引力的作用，这颗星偶然脱离了原来的轨道而和地球发生了碰撞。那次碰撞极其剧烈，释放的能量比 6500 万年前那次使恐龙灭绝的碰撞释放的能量强一亿倍，足以使地球的相当一部分融化和气化。在那次碰撞中，地球的一部分被抛入太空，那颗行星也破碎了。

在古希腊神话中有一个在宙斯之前统治世界的泰坦神族，族中的天穹之神乌拉诺斯和大地女神该亚生有一

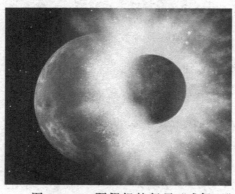

图 7.15　一颗假想的行星"忒伊亚"用碰撞的方式"创造"了月亮

个女儿，她叫忒伊亚。忒伊亚和她的兄弟许佩里翁生下了三个孩子：即太阳神赫利俄斯、月亮女神塞勒涅和黎明女神厄俄斯。人们认为那颗假想的行星用碰撞的方式"创造"了月亮（图 7.15），它宛若月亮的母亲，于是就用月亮女神母亲的名字"忒伊亚"命名了它。

二、碰撞之后

碰撞发生后，一部分来自忒伊亚的幔物质包围了地球，另一些冷却后变成了岩石，它们构成了一个像土星环一样环绕地球的盘。盘内的物质虽然也相互碰撞，但由于地球引力的作用，一些太靠近地球的物质无法聚合，只能汇集成细长的条状，与此同时，那圆盘也越来越薄，越来越密，最后形成了一些螺旋状的线条纷纷像摇曳的臂腕一样向外侧运动，而一旦某种程度地摆脱了地球的引力，那些物质就能够聚合了。于是，经过一段迅速发展的聚合后，一个"月种"诞生了，它是一个粘合的团块。这时距碰撞的发生只过了一两个星期。

"月种"是胚胎期的月亮。在接下来的日子里，它不断和岩石发生碰撞，从而不断长大。大约在碰撞发生了一个月以后，月亮完成了 90% 的成长规模，那些剩余的岩石也在与月亮和地球的碰撞中渐渐消散了。大约一年以后，新生的月亮照亮了夜空，它是一个近趋完美的"月亮婴儿"，直径 3500 千米，处在距地球两万千米的位置上，它是那样的近，与地球的距离只有现在地月距离的十九分之一。假若那个时候你站在地球上仰望月亮，你会感到它比现在的月亮大 300 倍！

这个过程当然也只是推测，月亮的诞生是否真是这样，经历了

图 7.16　月亮是太阳系中最完美的卫星，它对地球的影响极为深刻。这是"伽利略号"木星探测器于 1992 年拍摄的月亮

多长时间都是值得商榷的，但月亮的诞生对地球的影响一定极为深刻，没有月亮，地球至今可能还是一个荒芜的地方（图 7.16）。

45 亿年前的地球转得很快，只是由于月亮潮汐力的作用，它的转速才渐渐慢了下来，地球上的"一天"也不断地变长了。根据理论上的研究和人们对古生物化石的分析，地球上两亿年前的"一天"是 23 小时，三亿年前的"一天"是 22.8 小时，五亿年前的"一天"是 21.2 小时，45 亿年前的"一天"只有 5 小时。

而与此同时，月亮也在与我们渐行渐远。在 45 亿年前，它离我们只有两万千米，但 40 亿年前，它已经移到了距我们 15 万千米的地方，20 亿年前是 31 万千米，现在的它与我们的距离是 38 万千米，并且还在以每年 3.8 厘米的速度离我们远去。月亮形成和演化的历史提醒我们，月亮并不是从来就存在的，它也不会永远在那里。

三、去"拉格朗日点"看一看

"忒伊亚假说"看起来是个不错的理论，然而那古老的忒伊亚来自哪里呢？一些科学家相信，忒伊亚来自日地系统中的某一个拉格朗日点。拉格朗日点是 18 世纪法国数学家拉格朗日（图 7.17）推导证明的引力平衡点，也被称为太空中的天平点，存在于两个大的星体之间。由于受到两个星体重力的影响，位于这一点上的小型物体可以相对地保持平衡。

在每两个大型的星体之间，比如太阳和木星、地球和月球之间，理论上都存在5个拉格朗日点，这5个拉格朗日点分别称为L1、L2、L3、L4和L5。每个拉格朗

图7.17　法国数学家拉格朗日

日点都仿佛是一口"重力井"，那些太空中的"漂荡物"往往会滑到那里聚集起来，就像水汇集到井底一样。

在太阳系还年轻的时候，日地系统拉格朗日点上汇集着小行星大小的聚集物，它们被称为"星子"，是组成大行星的原始材料。忒伊亚就是由一群这样的"星子"聚集而成的。

图7.18　日地关系观测卫星

这个判断促使了一对名为"日地关系观测卫星"（图7.18）的探测器前往那个神秘的地区去寻找忒伊亚留下的残骸。科学家们推测，假若忒伊亚形成于L4或者L5，它就能得到很多原材料而发展到足够大，然后，由

于其他行星，例如金星等的成长，它会被引力拉到与地球发生碰撞的轨道上。

不过即使这个想法是正确的，忒伊亚也应该从那里离开多时了，但一些"星子"可能还留在那里，它们原本应该成为忒伊亚的一部分，但失败了，被遗留了下来，所以"日地关系观测卫星"还是有机会搜索到忒伊亚的残留物。

四、对碰撞过程的质疑

然而"日地关系观测卫星"是一对观测太阳的卫星，它们从两个不同的角度同时观测太阳，就仿佛人类的一对"眼睛"同时看太阳一样。科学家们把这两颗卫星获取的数据结合起来能得到太阳的三维图像。

所以寻找"忒伊亚星子"只能算是"日地关系观测卫星"的"附加任务"，它们恰好要从那里路过，并且也的确实施了搜索行动。它们进入拉格朗日点 L4 和 L5 的边缘地区，在那里进行了一系列拍照，用每次连续两小时的曝光搜索星空。

假若它们在那里发现了为数众多的小行星，人们就会详细地分析这些小行星的组成，假若分析的结果表明它们的组成同地球和月亮是一样的，那么"大碰撞"的理论就可以得到证明了。

然而，"日地关系观测卫星"并没有发现"忒伊亚星子"。是不是"忒伊亚假说"是错误的呢？也不能这样说，因为没有找到"忒伊亚星子"并不表明它们不存在，接下来在这方面的寻找和探索还需继续进行，不过有人也确实对假说所描述的碰撞过程提出了新的看法。

今天我们观察月球，你会看到月球的正反两面是明显不同的。

正面，亦即面对地球的这一面比较平坦（图7.19），而反面，即背对地球的那一面被探测到山峦起伏，坑洼不平（图7.20）。探测表明，月球两面的矿物分布也不均匀，正面矿藏丰富，含有大量的钾、磷和稀土等元素，反面的矿藏则相对贫乏。为什么月亮长得如此怪异？正反两面的月貌为什么如此不同？这与它的起源和演化是否存在联系呢？

图 7.19　月球正面，即面对地球的这一面比较平坦　　　图 7.20　月球反面，即背对地球的那一面坑洼不平

第三节　双月时代

一、"碰撞说"的新版本

传说在地球的历史上，夜空中出现过两个月亮。美国天体物理学家尼尔·康明斯在他的著作《如果地球有两个月亮》中生动描述了那段历史。这位科学家说，忒伊亚的撞击有可能给地球带来两个和两个以上的月亮，但我们人类看不到那样的景观，因为它们在六亿年前就通过碰撞合而为一了，而那个时候，复杂的生命还没有在地球上出现。

事实上，即使忒伊亚的撞击只给地球带来了一个月亮，地球在以后的漫长岁月中还是有可能出现第二个月亮，但那第二个月亮——我们姑且称它为"月亮二号"，一定是被地球从路过的一对双星中"俘获"的，这种引力的博弈能将"月亮二号"稳定在一个环地球的轨道上，而它的同伴——双星中的另一颗则要被弹进茫茫太空。这个过程打扰了地球的宁静，引发了巨大的潮汐波和火山活动。天空烟尘密布，暗无天日，它无疑会带来一场大规模的生物灭绝事件。不过这种骚动终究会停下来，地球又渐渐恢复了宁静，这种宁静可能要等"月亮二号"的伙伴离去数年之后才会到来。

假若"月亮二号"和月亮同样大小，绕地球运行的方向和月亮相同，和地球的距离比月亮近一半，那么地球上的人们——假设那时候地球上已经出现了人类——就能看到比月亮大一倍的"月亮二号"，它的亮度是月亮的四倍，每10天绕地球一周。在冰轮升起，"双月同辉"的晚上，人们可以毫不费力地在月光下读书看报。

不过"月亮二号"的"脾气"并不是太好。由于来自地球和月亮的引力作用，"月亮二号"承受着变化无常的引力影响，所以"月亮二号"的内部呈熔融状态，熔岩从火山和月面的裂缝中喷出来，导致火山爆发，熔岩遍布。举头望月，你甚至能看到"月亮二号"上流动的"熔岩河"，那些喷出物中的一部分甚至摆脱了"月亮二号"的引力而落到地球上，夜空因此变得闪闪发光，宛若星斗满天。

二、两个月亮又相撞了

"月亮二号"和月亮的碰撞是必然要发生的。虽然在潮汐力的作用下，我们的月亮正在以每年3.8厘米的速度离地球远去，但"月亮二号"离去得更快，它最终将在它"俘获"15亿年后追上月亮，一场致命的碰撞在所难免，地球上又要面临一场灾难性的生物灭绝事件了。

康明斯的"双月假设"只是为了描绘一种有可能出现的情景，但科学家们也确实提出了一种可以解释月球"不对称性"的"双月假设"，这也正是新"大碰撞说"所包含的重要内容。这个新理论认为，忒伊亚导致的大碰撞产生了一大一小两个月亮，这两个月亮一起围绕地球旋转了大约几千万年，直到它们也撞在了一起，并融合成了我们现在看到的月亮。人们推测，由于两个月亮相互靠近的速度并不快，所以都没有被撞得粉碎，但是小月亮消失了，它倾斜着扎进了我们熟悉的大月亮中，把大部分物质留在了月球的背面，形成了起伏不平的月貌，这就是我们今天看到的月球背面的高地。撞击同时又压扁了位于月面之下的地层，将大量的钾、磷和稀土等元素推向了月球的正面，造成了今天月球矿物分布的不均匀。

这个新"大碰撞说"很好解释了月球正反两面显示的不同，但也只是一个假说，人们也并不是都同意，所以需要寻找证据上的支持。

那么该如何寻找证据呢？有一个办法是到月球的背面采集岩石，寻找撞击的证据，这需要一次复杂的探月任务才能实现（图7.21），还有一个办法是了解月球的内部结构和物质组成，然后将了解到的信息联系月面的地形地貌进行分析，这样的工作或许能让人

图 7.21 一块来自月球正面的岩石，由"阿波罗 17 号"带回地球

们推测 40 多亿年前究竟发生了什么，那次传说中的碰撞是否真的产生了现在的月亮，它后来又遭遇了怎样的事情，这有点像为月球做一次"透视"。鉴于实际的情况，人们选择了"透视"，这就导致了一对名为"圣杯"的姊妹探测器踏上了探访月球的征途。

三、"圣杯"姊妹探测器

图 7.22　学生们为"圣杯"姊妹探测器各取了一个名字

"圣杯"包括"埃布"和"弗洛"两艘探测器，它们的名字是美国蒙大拿州艾米莉·狄金森小学四年级学生们取的，分别为"潮落"和"潮起"之意（图 7.22）。

"圣杯"该怎样为月球做"透视"呢？那就是探测月球的重力场。重力场是星球内部质量分布的反映。一颗星球的密度和物质分布会反映到它的重力场上来。重力场对飞过它附近的物体会产生不同的牵引力。物质密度高，则重力场的牵引力便大，反之牵引力就小，所以探测星球重力场的变化就能帮助人们间接地推测星球内部的物质分布。科学家们曾用这种方法研究过包括地球在内的其他星球。例如一个名为 GOCE 的计划就是针对地球进行的，它实际上是一次精确"称量"地球的行动。那次计划使科学家们深入了解了地球的内部结构，并为海洋环流和气候研究提供了重要的参考数据。

"埃布"和"弗洛"是绕月运行的，它们之间的距离会随着月球重力牵引力的大小而发生微小的变化，这种变化无法用肉眼察觉，

图 7.23　"圣杯"姊妹探测器探测月球的重力场

但探测器上的仪器能探测到（图 7.23）。根据探测到的数据，科学家们可以绘出月球重力场的详细分布图，然后将重力情况与月貌特征综合起来进行分析，这就相当于用重力探测的方法"透视"了月球的内部。有了这样一次"重力透视"，人们便可以推测月球的演化过程，破解月球起源和演化之谜了。

四、依然是一个谜

为了节省燃料和提高探测精度，"圣杯"发射升空后（图 7.24）途经了拉格朗日点，所以它飞行了三个半月才抵达月球。

抵达月球后，"圣杯"首先运行到月球上空 55 千米处，两艘探测器以一定的

图 7.24　"圣杯"姊妹探测器踏上了探月之旅

间距一前一后地绕月运行，它们就这样飞行了三个月，收集了三次覆盖月表的数据。接下来，"圣杯"又将轨道下降一半，在平均高度为 23 千米的轨道上运行，这样，"圣杯"就更"清晰"地把月球重力场重新"观测"了一遍。

"圣杯"的月球之行使科学家们获得了有关月球重力场的详细资料。从探测的结果看，月球的确在形成后的数十亿年间遭受过严重

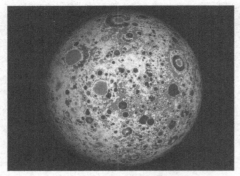

图 7.25 根据"圣杯"姊妹探测器的探测数据绘制的月球重力图，红色表示质量集中的地区，而蓝色则表示质量不足的地区

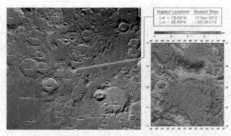

图 7.26 "圣杯"姊妹探测器以"撞月"结束了使命，这幅图显示了它们撞月的地点

的撞击，这是否支持了大碰撞理论还有待斟酌（图7.25）。至于"双月理论"，科学家们目前并不认为"圣杯"获得的数据与之吻合，不过"双月"的猜想也并没有因此遭到否定，人们期待接下来的研究能获得更多发现。看来月亮究竟是怎么来的，这个问题依然是一个谜。

"圣杯"的飞行结束后，这对"姊妹"探测器以最后的一撞完成了它们的月球使命，它们撞月的地方位于北极附近的一座山上（图7.26）。

其实，了解月球的重力场并不仅仅是为了印证"月球起源"的猜想，它同时也是一项为未来的探月任务提供必要前期准备的重要工作。在未来的探月任务中，精确的着陆和稳定的绕月运行都是必须的，而重力场则会对太空船的运行施以一定的影响。除此之外，科学家们还希望"重力透视"能帮助他们认识星球的形成机理，这也是人类认识自然和宇宙的重要内容。

第四节　月亮上的几种水

一、月球探测器"克莱门汀"

有关月球的另一个谜团是月球上会不会有水，如果有，它们会存在于月球上的什么地方呢?

从理论上说，月球上是应该有水的。现在一般认为，45 亿年前，太阳系诞生的时候，组成它的物质是气体、尘埃和冰，那些冰处在太阳系的外围，它们聚合在大大小小的彗星里，这些彗星和一些小行星曾在太阳系形成后的很长时间里频繁撞击了地球，为地球带来了大量的水。有人认为，在太阳系形成后的大约 10 亿年里，地球遭受了一亿颗彗星的撞击，尤其是在地球完全形成之后，这样的撞击尤为密集。

月球处在和地球相同的天区，既然地球频繁地遭受了彗星的撞击而获得了大量的水，那么月球也不应该例外。然而问题是，仅仅获得水并不意味着一定能在月球上找到水。月球上的白天可以超过 100℃，这样的温度会让水冰很快熔化，沸腾，并挥发掉，而月球的引力场又太弱，只有地球的六分之一，不足以束缚向太空逃逸的水蒸汽，所以有人认为，月球上如果有水的话，它们只能分布在阴暗的陨石坑里，那里的一些地方终年照不到太阳，温度为零下 240℃，在月亮上，这样的低温足以维系水冰的存在。

1994 年 1 月 25 日，美国发射了一艘名为"克莱门汀"的月球探测器（图 7.27），它的主要任务是试验一系列新技术，绘制月球表面数字地图以及交会一颗名为"乔格拉福斯"的近地小行星，但那次交会并没有成功，因为探测器在离开月球轨道后出现无法控制的

自旋。

2月6日，"克莱门汀"开始绕月飞行，它对月球拍照，从事勘测活动，其中一项实验是向月球南极（图7.28）附近的一处陨石坑发射无线电波，这些电波反射后被地球上的天线所接收。科学家们分析了这些电波后发现，那些反射波似乎来自含有水冰的物质。

这样的结果很合理，与人们的推测十分吻合，然而，当天文学家利用波多黎各的阿雷西博射电望远镜在相同的陨石坑里再一次找寻水冰时，他们却未能找到相同的结果。究竟月球陨石坑里有没有水呢？

图7.27　月球探测器"克莱门汀"

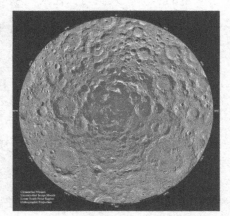

图7.28　月球探测器"克莱门汀"拍摄的月球南极地区

二、"冷井"理论

到月极附近找水的想法产生于20世纪70年代。当时美国加利福尼亚大学的一位科学家詹姆斯·阿诺德指出，月极附近较深的陨石坑里不会有阳光照进去，因而那里极冷，能起到收集水和其他易挥发物质的作用，可称为"冷井"。"冷井"很像一杯夏天的冰茶。假若你仔细观察夏天的冰茶，你便能看到它在收集空气中的水分，并凝结成水滴。"冷井"就起了那样的作用。

　　从 1994 年起，人们便一直在依照"冷井"理论在月极附近寻找水的线索，其中的一种方法是，通过人造撞击扬起陨石坑中的尘土，然后近距离地用光谱仪测出其中是否有水分存在。这样的实验已做过多次，除了 2009 年"月球陨石坑观测与传感卫星"（图 7.29）撞击了凯布斯陨石坑（图 7.30）外，进行过类似尝试的还有"月球勘测者号"和"智慧一号"。

图 7.29　"月球陨石坑观测
与传感卫星"。其撞月进行了两次，
首先由宇宙神 5 号火箭的半人马座
上面级从卫星分离撞击了月面，然
后卫星本身也撞击了月面

图 7.30　"月球陨石坑观测与传感卫星"
的撞击点：凯布斯陨石坑

　　人们发现，撞击扬起的物质中确实有水，这证明"冷井"理论是很有说服力的。除了水以外，人们还发现了大量其他易挥发性物质，例如二氧化碳、氨、二氧化硫、甲烷和乙烯等，这些物质是彗星和小行星中常有的，这表明，月极附近陨石坑中的水很有可能是彗星和小行星带来的，它们在"冷井"的作用下保留在了永久阴影区里。

三、来自月壤的水

除了陨石坑中可能有水外，在月壤中是否也有水呢？2008年10月，印度的"月球一号"发射升空，它的上面装配有一部由美国航空航天局提供的仪器——"月球矿物学绘图仪"（图7.31）。这部仪器通过探测月球表面反射光的波长显示月球上有水分子和氢氧基存在的迹象，它侦测到反射的光波中缺少红外线波长，表明那段光线被水分子吸收了（图7.32）。

图7.31　月球矿物学绘图仪

图7.32　"月球矿物学绘图仪"绘制的图像

开始的时候，科学家们并不相信这样的结果，但很快，他们在其他地方找到了更多的证据。人们发现，另外两艘探测器——"卡西尼号"和"深度撞击号"上的探测仪器也传回过类似的信号，这两艘探测器在飞往各自的探测目标时都途经了月球。

原来，这些水分子存在的信号来自于月壤。在月球上，太阳风无时不刻地撞击月面并与月壤发生交互作用。太阳风主要由带正电荷的氢原子组成。当这些带电的氢原子以三分之一光速冲击月面时，它们会分解月壤矿物质中的氧分子。一旦有了游离状态的氧分子和氢分子，水分子就容易形成了。此前，科学家们一直认为，如果月球上真的有水，那些水只会存在于极地的永久阴影区里，月球的其他区域应该是完全干燥的。现在，新的发现表明事实并非如此，水也可以存在于月壤中，这是人类月球找水的重大突破。

四、来自月岩的水

假若解释月球起源的"大碰撞说"是正确的，那么月球的内部也有可能含有水，因为碰撞发生后，有些水很可能被封闭在了月球中。

在晴朗的夜晚，只要有一架普通的天文望远镜，你就会发现，月面上遍布着大大小小的陨石坑，它们来自小行星、彗星和陨石的撞击。仔细观察，你还会发现，有些陨石坑中有一个小小的山峰，那是撞击的反弹造成的。当碰撞发生后，月面被砸开了一个洞，于是，月球内部的物质便从洞中涌出来，它们越堆越高，待冷却后，便形成了一座山。可以想见，如果月球内部含有水，水便会被这种运动带到月面上来，它们会隐藏在这样的山上，观测这样的山峰或许能够找到水。

现在人们发现，这种山上可能确实存在水。原来"月球矿物学绘图仪"还观测了一个位于月球赤道附近的陨石坑，名为布利奥陨石坑（图 7.33），直径大约 61 千米，是以 17 世纪法国天文学家布利奥的名字命名的。

图 7.33　布利奥陨石坑

在这个陨石坑的中间有一座山峰，而"月球矿物学绘图仪"发现，这座山峰的月岩中含有不少氢氧基，它们存在于一种名为磷灰石的月岩中。如果你加热这种月岩，里面的氢氧基离子便会"分解"并产生水。探测表明，在这座山峰的月岩中，氢氧基的含量足以和水的存在产生密切的联系，表明这个陨石坑中很有可能存在着来自月球深处的水。这项研究为月球水的分布提供了另外一个重要的观点，那就是月球内部的月岩中也含有水。

到目前为止，科学家们已在月球上找到了上述三种以不同形式可能存在的水。它们分别位于月极永久阴影区、月壤和月岩中。在月球上，水不仅可以饮用，灌溉，还可以提取氧和氢，因而寻找和提取月球上的水对未来人类的月球探索和登月行动具有重要意义。

第五节 飞往月球的中国探测器

一、"广寒宫"中的"嫦娥"和"玉兔"

传说在我国远古尧的时代，天上同时出现了十个太阳，天气酷热，土地干涸，庄稼枯萎，百姓苦不堪言。这时出现了一位了不起的射手，他叫后羿，英俊善良，箭术精湛，力大无穷。后羿拔出弓箭射下九个太阳，将百姓从煎熬中拯救了出来。

后羿有一位美丽善良的妻子，她叫嫦娥。有一天，后羿求得一包灵药，服下就能升天成仙，但后羿舍不得离开嫦娥，便把灵药交给嫦娥珍藏起来。

且说后羿射下九个太阳后，不少人便慕名前来拜后羿为师以学习箭术，其中一个叫蓬蒙的人，觊觎后羿的灵药，也来拜师学艺。在一个月圆之夜，蓬蒙趁后羿外出时逼嫦娥交出灵药。为了不让灵药落入歹人之手，嫦娥吞下了灵药，于是觉得身子越来越轻，双脚离地，渐渐向月亮飘去。嫦娥非常伤心，她不愿离开后羿，但为时已晚，只得住进了月亮上的广寒宫，一只玉兔和一位砍树的老人吴刚陪伴着她。

这就是我国"嫦娥奔月"的古代传说。关于嫦娥奔月，流传的版本不少，也有的说嫦娥是因为向往神仙的生活而偷吃了灵药，结果后悔不已。唐代诗人李商隐在他的《嫦娥》诗中吟道："云母屏风烛影深，长河渐落晓星沉，嫦娥应悔偷灵药，碧海青天夜夜心。"

千百年来，每当月圆之夜，老人们常会给孩子讲述"嫦娥奔月"的故事。月亮上婆娑的阴影也常被人们想象成月宫上清冷的世界，有嫦娥、玉兔、吴刚和桂花树。其实，那阴影是月亮上地势稍低一些的地方，过去的人们一直以为那是月亮上的海洋，所以称之为月海。现在人们知道，月海并不是海，而是月亮上由岩石组成的平原，与它相对应的明亮区域则叫月陆，是大片高出月海的月面（图 7.34）。

图 7.34　一幅月面反照率全图。暗区为"月海"，是月亮上地势稍低的地方，亮区叫"月陆"，是高出月海的月面

在明月高悬之夜，假若你仔细观察月亮，你可以在月亮的左上方看到一片近似圆形的月海，它就是月亮上的"雨海"（图 7.35），面积比我国青海省还要大，可能形成于一连串剧烈的事件。首先是 39 亿年前一颗小行星或者彗星撞上了月球，形成了一个巨大的陨石坑，后来由于剧烈的地质活动，陨石坑变成了一个更大的盆地。又

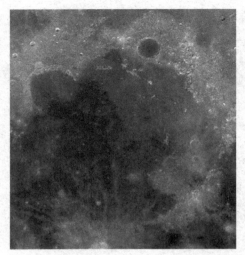

图 7.35 "雨海"是月亮左上方一片近似圆形的月海

过了几亿年，大约在 31 亿年前，由于火山喷发，大量熔岩流进盆地，将盆地的低部覆盖了，形成了今天的雨海。

在这雨海西北部的边缘，有一个名为虹湾的地方，它是雨海伸向月陆的一部分，在那里，真的有一个叫"广寒宫"的地方，而且真有一位"嫦娥"和一只"玉兔"相依为伴。不过它们并非来自传说中那个远古的故事。是的，它们是人类发射到月球上的一艘月球探测器"嫦娥三号"和一辆由"嫦娥三号"带到月球的名为"玉兔"的月球车。它们的故乡在中国。

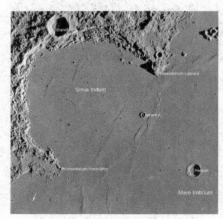

图 7.36 虹湾位于雨海西北部的边缘，是雨海伸向月陆的一部分，表面很平坦

二、到虹湾去

虹湾是一块类似平原的地方，其北面和西面被山包围，东南面较开阔。总体上看，虹湾区域表面平坦，由玄武岩的月壤覆盖，分布着大小不一的陨石坑和石块（图 7.36）。"嫦娥三号"选择虹湾"安家"也是因为那里地势平坦，适合软

着陆，且阳光充足，能保证探测器上的太阳能电池正常工作，并且也是一块尚未探测的区域。

"嫦娥三号"由着陆器和巡视器两部分组成（图7.37）。巡视器是一辆能在月面"行走"的月球车，它就是"玉兔号"，呈长方形，"肩"部有两片可以展开的太阳能电池板，"腿"是六个轮子，"头"上有负责导航和避开路障的相机，"手"是能够钻孔、研磨和采样的机械臂。"玉兔"这个名字是网友们投票决定的。玉兔有纯洁、善良、敏捷的品格，很逗人喜爱，在传说中又与嫦娥形影不离。

图7.37 "嫦娥三号"着陆器（右）和巡视器（左）

2013年12月2日，"嫦娥三号"由"长征三号乙型"运载火箭从西昌卫星发射中心发射升空。星箭分离后，"嫦娥三号"便独自向月球飞去，并进入到一个绕月的椭圆轨道。这以后，"嫦娥三号"开始向月面降落，这段路程有430千米，在这期间，"嫦娥三号"用自身携带的仪器调整姿态和速度，最终降落在了虹湾（图7.38）。它稳稳地站在月面上，打开舱门，弹出斜梯。"玉兔号"月球车驶出舱门，滑下斜梯，开始"月面漫步"。

接下来，"嫦娥三号"和"玉兔号"开始了紧张的"探月"工作（图 7.39）。月球的白天和黑夜都非常长，一昼夜相当于地球上的一个月，昼夜温差也极大，白天温度超过 100℃，晚上温度低至零下 180℃，所以"嫦娥三号"和"玉兔号"要在月球上生存就必须既不怕热，又不怕冷。为了做到这一点，人们采用了许多隔热和散热措施，可使它们忍耐 300℃的极端温差。此外，它们的"作息"安排也很讲究，例如，"玉兔"总是晚上"睡觉"，白天工作，且工作时段都不在太热的时候。

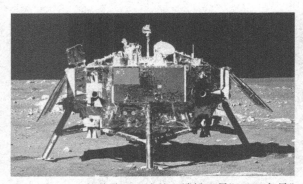

图 7.38 软着陆于虹湾的"嫦娥三号"。"玉兔号"月球车拍摄

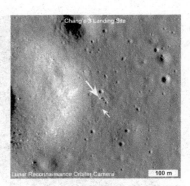

图 7.39 美国的月球探测器"月球勘测轨道飞行器"拍摄的"嫦娥三号"（大箭头所示）和"玉兔号"（小箭头所示）

三、"嫦娥"和"玉兔"忙不停

"嫦娥三号"肩负着"观天、看地、测月"三项主要任务。观天，就是用月基天文望远镜观测星空。这架望远镜由"嫦娥三号"带往月球，口径 15 厘米，通过紫外波段观测宇宙。由于紫外望远镜在地球上会受大气层的干扰，因此紫外观测只适合在外层空间进行，而月球正是紫外望远镜可以"大显神通"的地方；看地，就是用极

紫外相机监测地球等离子体层；探月，就是用雷达探测月表的结构。

　　"嫦娥三号"干得非常漂亮，它不但完成了计划内的任务，还在计划外进行了额外的科学考察，但"玉兔号"出了小故障，它无法如常运动了，好在除此之外其他部分全都正常，所以"玉兔号"依然辛勤工作，不断向地球发回数据。它用全景相机反复拍摄了"嫦娥三号"着陆器，对月面进行了360度环拍，研究了月球陨石坑周边的地质情况，探测了月壤，还发现了一种新型的月球玄武岩，获得了很多有价值的数据。虽然是"带病工作"，"玉兔号"却超期服役，表现不凡（图7.40、图7.41）。

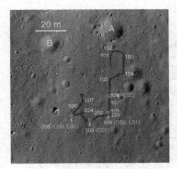

图7.40　"玉兔号"月球车的行驶轨迹。上方红点为"玉兔号"着陆的位置

图7.41　"玉兔号"月球车在月球上留下的车辙印

　　"嫦娥三号"安全着陆月面，使我国成为继俄美之后第三个实现月面软着陆的国家。它的表现为什么如此出色呢？原来"嫦娥三号"有两个了不起的"姐姐"，"大姐"叫"嫦娥一号"，"二姐"叫"嫦娥二号"，它们在"嫦娥三号"出发前就先后飞向了月球。如果说"嫦娥三号"是顺利"落月"的"探月功臣"，那么"嫦娥一号"和"嫦娥二号"就是勇闯险途的"探月先锋"，没有它们的探测，"嫦娥

出发吧，太空**探测器**

三号"的成功是得不到保障的。

四、"嫦娥一号"的"绕月"使命

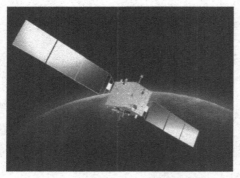

图 7.42 "嫦娥一号"月球探测器

"嫦娥一号"的任务不是"落月"，而是"绕月"（图 7.42），即进入环月轨道环绕月球飞行。原来，"嫦娥一号"是想把月亮看个明白，这样就可以全面认识这个星球的真面目，好为"嫦娥三号"寻找一个安全着陆的地方。

"嫦娥一号"是 2007 年 10 月 24 日出发的，它被"长征三号甲型"运载火箭送上太空后就进入到一个地球同步椭圆轨道，然后通过不断变轨脱离地球引力奔向月球。

接下来，"嫦娥一号"在环月轨道上工作了一年时间，它用干涉成像光谱仪、激光高度计、CCD 立体相机获取了月球表面的三维立体影像；使用 γ 射线谱仪、X 射线谱仪研究了月面有用元素及物质类型的含量和分布，还对地月空间环境展开了探测。其中，获取"全月面三维影像"是"嫦娥一号"取得的重要成果（图 7.43）。在一年的时间里，"嫦娥一号"完成了南北纬 70 度的全月面的三维成像，制作了月球极区影像图，"看"遍了月亮上的每一寸土地，并完整传回了数据。

"嫦娥一号"是中国首颗深空探测器，它开创了中国航天探测的新时代，使我国成为世界为数不多的具有深空探测能力的国家。

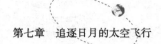

2009 年 3 月 1 日，"嫦娥一号"以撞月的方式结束了使命。

图 7.43　"嫦娥一号"拍摄的"全月球影像图"

五、"嫦娥二号"再访月球

"嫦娥一号"对月球进行了全面和宏观的探测，但仅仅这样还不能保证"嫦娥三号"着陆月面顺利稳妥，科学家们还需要对月球进行更细致的了解，并为"嫦娥三号"寻找一个既安全又有科学考察价值的着陆点。

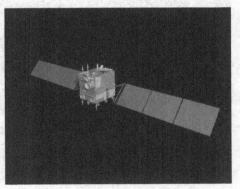

图 7.44　"嫦娥二号"月球探测器

这个任务更艰巨，技术要求更高，于是"嫦娥二号"又领命出发了（图 7.44）。

"嫦娥二号"的主要任务是获得更清晰、更详细的月面影像和月球极区的表面数据。从各个方面说，"嫦娥二号"都比"嫦娥一号"拥有更高强的本领，它的"奔月"时间更短，绕月轨道更小（图

7.45），相机分辨率也更高。

2010 年 10 月 1 日，"嫦娥二号"被"长征三号丙型"运载火箭发射升空。10 月 27 日，"嫦娥二号"进入虹湾成像轨道，并很快传回了虹湾地区的局部影像（图 7.46）。"嫦娥二号"的"视力"比"嫦娥一号"强多了，它非常漂亮地完成了任务，为"嫦娥三号"软着陆于虹湾打下了坚实基础。但此时"嫦娥二号"的状态还非常好，燃料充足，"精力充沛"，于是科学家们决定让它完成几项"拓展"任务，一是补拍月球南北两极的图像；二是对"嫦娥三号"预选着陆区进行高清晰成像；三是从月球轨道逃逸，探测更远的深空。

图 7.45　"嫦娥二号""奔月"路线示意图

图 7.46　"嫦娥二号"拍摄的虹湾地区的局部影像图

"嫦娥二号"很快就完成了前两项"拓展"任务，接下来，它开始完成第三项，也是最引人关注的一项：飞往更加遥远的深空。

六、"嫦娥二号"的深空飞行

这个存在于深空中的具体目标就是拉格朗日点。前面说过，拉格朗日点是一个引力平衡点，存在于两个大的星体之间。在日地系统中，这种地方有 5 个，其中的 L1 是一个理想的观测太阳的场所，人们在那里安置了太阳探测器 SOHO，"日地关系观测卫星"寻找

"忒伊亚星子"去的是 L4 和 L5，而"嫦娥二号"要去的地方是 L2。这是一个非常适合观测深空的地方，人们把赫歇尔太空望远镜发射到那个地方，著名的 WMAP，即"威尔金森微波背景辐射各向异性探测器"也安置在那里。詹姆斯·韦伯太空望远镜也会在那里工作。此外，由于拉格朗日点还具有不稳定性，因此在那里，一点很小的力量就可以使太空船逗留在原地，也可以轻松滑向很远的地方。将这样的地方连接起来，就可以形成一条节省能源的"太空高速公路"，人们的星际旅行就可以更畅快和省力，L2 还是一个空间通讯中继点，从那里既能遥望地球，又能打通和月球背面的通讯联系，所以说，"嫦娥二号"前往 L2 是一次颇具战略眼光的深空探险。

于是，"嫦娥二号"经过两次加速后，成功脱离月球"怀抱"，飞到了 150 万千米之外的 L2（图 7.47）。到达目的地后，"嫦娥二号"对那里的日地空间环境进行了多项探测，提高了人们对

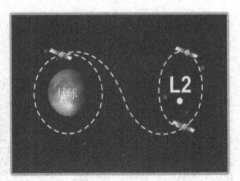

图 7.47　"嫦娥二号"飞向 L2

日地空间环境的认识，还检验了深空飞行的能力。

然而"嫦娥二号"的状态依然良好，它还可以完成更多的任务，于是"嫦娥二号"又进行了一次漂亮的飞跃：从 150 万千米远的 L2 飞往一个更远的地方，在那里，它要近距离地"打量"一颗名为"战神"的小行星。

就这样，短短两年间，"嫦娥二号"一次又一次地远离地球，一直到来 700 万千米之外的地方。

　　"战神"是一颗近地小行星，它第一次被发现是在 1934 年 2 月 10 日，但很快便逃离了人们的视线，直到 1989 年，才由法国天文学家克里斯蒂安·波拉斯再次发现。大致上说，"战神"的形状非常不规则，它似乎是由两个小天体组合而成的。

　　对于地球来说，"战神"是一颗具有"潜在危险"的小行星，它每 4 年就会靠近地球一次。2004 年 9 月 29 日，它离地球不到 160 万千米，相当于地球和月亮距离的 4 倍，在太空中，这个距离非常小，仿佛和地球"擦肩而过"。

　　2012 年 12 月 13 日，"嫦娥二号"来到了目的地，它一点点地接近"战神"，并给"战神"拍了清晰的照片（图 7.48）。这时人们才清楚地目睹了这颗小行星的模样，它长得像一块"生姜"，又像一只哑铃或者一颗花生。

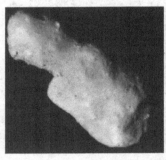

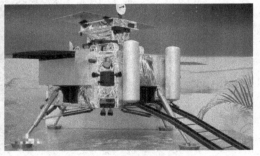

图 7.48 "嫦娥二号"拍摄的小行星"战神"　　　图 7.49 嫦娥四号

　　"战神"明显由一大一小两部分组成，表面非常粗糙，布满大大小小的陨石坑。人们推测，它的内部一定包含有大量撞击留下的碎石。

　　七、志向远大的"嫦娥"姐妹

　　"嫦娥二号"飞临"战神"是人类首次实现对这颗小行星的近距

离探测，也使中国成了继美国、欧空局和日本之后，第 4 个探测了小行星的国家。

就这样，"嫦娥二号"飞得离地球越来越远，它的深空旅行为我国将来的火星、金星探测打下了基础。

"嫦娥二号"和"嫦娥一号"的探月飞行为"嫦娥三号"着陆月面提供了保障，正因为如此，"嫦娥三号"才能成功软着陆在月面上。然而"嫦娥三号"还有两个"小妹妹"，它们是"嫦娥四号"（图 7.49）和"嫦娥五号"。"嫦娥四号"的任务是对月球作进一步的探测，并软着陆到月球的背面，而"嫦娥五号"则在着陆月面后对月球进行采样，并将样品带回地球。从这个意义上说，"嫦娥三号"的飞行和着陆也是为"嫦娥五号"顺利完成"采样返回"任务而进行的前期准备。我国的探月工程就是这样，环环相扣，稳步向前。

从长远上看，我国的月球探测将在完成"采样返回"任务后派宇航员登陆月球，并在月球上建立基地。这需要越来越精良的航天技术，并且拥有强大的火箭运载能力。为此，科学家们正在研发运载能力更强的重型火箭，同时将发射场建在更靠近赤道的海南文昌，这有利于发射飞行能力更强的深空探测器。中国的太空探测器不仅要飞向月球，还要飞往更加遥远的太阳系深空。

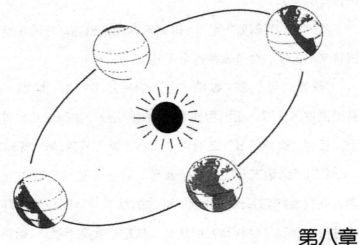

第八章

太空探测器的追求

第一节 从核电池到离子引擎

一、在黑暗中飞行

在黑暗、空寂的太空中，"旅行者1号"正在奋力飞行。从发射到现在，它已经飞行了几十年，但它上面的有些仪器还在继续工作。将来有一天，它将远离太阳系，进入黑暗寒冷的星际空间，那是一个虚空而又神秘的世界，从那里看太阳，太阳仅仅是一颗星星。

离太阳那么远，太阳能电池失去了"用武之地"，所以"旅行者1号"只能依靠自己携带的能源，它是核武器制造业的副产品钚-238。这种材料在衰变时产生热能，热能被"旅行者1号"上的放射性同位素热电式发电机转变成电能，于是"旅行者1号"便得到了持续不断的能源供应。人们预测，在未来的许多年里，"旅行者1号"还会继续工作，向地球发送数据，直到能源耗尽，而它也将最终消失在没有尽头的虚空之中。

通常情况下，太空探测器的飞行动力来自化学燃料。人们依靠使用化学燃料的运载火箭把太空探测器送入太空。进入太空后，除调整飞行状态外，探测器主要依靠滑行前往目标，但其上的仪器和通讯设备则使用电能展开工作。

自20世纪60年代以来，钚同位素在人类的长距离深空探测活动中发挥了重要作用。"旅行者号"、"先驱者号"、探测木星的"伽利略号"、探测土星的"卡西尼号"（图8.1）都仰赖于这种核能源，并取得了巨大的成功。

图 8.1 "卡西尼号"上的放射性同位素热电式发电机

曾多次飞越太阳极区的太阳探测器"尤利西斯号"也使用核能。"尤利西斯号"的主要任务是研究太阳的两极，为了更好地观测太阳，"尤利西斯号"必须飞临木星，那里的太阳光极其微弱，只相当于地球附近的二十五分之一。在这种情况下，太阳能电池板要获取足够的电量便必须重达544公斤，"尤利西斯号"的重量也因此要增加一倍，这会给航天飞机的助推器增加极大负担，所以"尤利西斯号"没有使用太阳能，它依靠的也是一台放射性同位素热电式发电机，只有56公斤。

图 8.2　使用在"好奇号"上的放射性
同位素，它为"好奇号"的运行提供能源

2012 年 8 月成功着陆火星的大型火星漫游车"好奇号"由于依靠核能驱动（图 8.2），它的力气就比它的"前辈""勇气号"和"机遇号"大的多，更为重要的是，它的探测活动再也不会像"勇气号"和"机遇号"那样因使用太阳能而受到限制了。"好奇号"上的核电池重约 45 公斤，发电功率 140 瓦，它的能量可供"好奇号"使用 14 年。

2015 年夏天抵达冥王星的"新地平线号"也使用了核电池（图 8.3），因为在冥王星附近，能够接受到的太阳光只有地球附近的千分之一了。按照当时的技术，假若使用太阳能，那么"新地平线号"的太阳电池板就要做到 2000 平方米那么大。

与核反应堆靠裂变发电不同的是，太空探测器上的核电池是基于衰变产生能量的，但衰变远不如裂变

图 8.3　用于"新地平线号"上的放射性同位素热电式发电机

剧烈，所以核电池只适用小规模供电，它们体积小，稳定性强，能长期使用，抗干扰性和可靠性极佳，因而自 1959 年核电池诞生之日起，它们便在航天领域"大展宏图"。正是因为有了它们，太空探测器才探测了如此遥远的深空，人类对宇宙自然的认识空间才得到了大规模的扩展。

二、太阳的疆域

然而，核电池由于冠了一个"核"字，便成了人们敬而远之的"另类一族"。事实上，用于探测器上的核能材料的确是危险的。例如钚 -238，它的放射性极强，毒性很大，在发射探测器的过程中和发射以后的时段里，它们都有可能因意外而释放到大气层中去。1964 年，美国海军导航卫星发生了爆炸，一千克钚 -238 被释放到了大气层中，这种严重污染环境的事故令人对核电池很不放心。为此，人们常常用抗议的方式抵制核能航天器的研制和升空。1999 年，"卡西尼号"在飞临地球时引发了一场范围广泛的公众抗议活动，"好奇号"使用核动力也遭到一些环保专家和普通民众的反对，这项计划因此差一点夭折。

所以，航天科学家正在千方百计地延伸太阳能的疆域。他们认为，只要想办法充分吸收阳光，最大限度地利用太阳能，航天器就能仅仅依靠太阳能飞进遥远的深空。2011 年 8 月，一艘名为"朱诺"的木星探测器带着它的太阳能电池系统飞向了木星。"朱诺号"使用三个 10 米长的太阳能电池板（图 8.4、图 8.5）以满足它在探测活动中对电能的需求，这在人类的木星探测活动中是史无前例的。

图 8.4 "朱诺号"木星探测器

图 8.5 "朱诺号"上的太阳能电池板正在接受测试

"朱诺"的成功依赖于太阳能电池技术和太空探测技术的进步，而这样的进步还会把太阳能发电系统带向更加远离太阳的地方。有人预测，假若下一代太阳能电池能在效率上进一步增强，重量上进一步削减，而探测器也能同时进一步减少能源消耗，那么一艘探测器使用 250 平方米的太阳能电池阵就可以在天王星轨道上进行太空探测了。

但天王星轨道也并不是使用太阳能的边界。人们相信，只要技术成熟，让太阳能电池越过天王星轨道也是有可能的。

三、想飞得更快

然而除了探测器上的仪器要耗费能源外，探测器在进入太空后的加速、减速、姿态调整也要耗费燃料，而科学家们也并不满足于仅仅依靠滑行让探测器飞向目的地，他们希望探测器飞得更快。

通常的情况是，由于目标遥远，燃料有限，探测器飞临目的地的时间往往很漫长，而抵达目的地后的考察活动则不得不很快就结束了，这使得化学火箭显得"费力不讨好"，它们一开始便燃尽绝大多数燃料，而后面的路只得依靠滑行。为了节省燃料和提升速度，科学家们经常为太空任务巧妙地设计运行轨道，他们让航天器在行星引力的帮助下奔向目标。例如"卡西尼号"就借助金星和地球飞往土星，"罗塞塔号"借助地球和火星飞往丘留莫夫-格拉西缅科彗星（图8.6），"尤利西斯号"和"新地平线号"借助木星分别飞往太阳和冥王星（图8.7）。这种办法的确很有

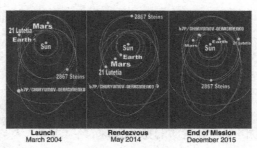

图 8.6　"罗塞塔号"借助地球和火星飞往丘留莫夫 - 格拉西缅科彗星，它的轨道非常复杂

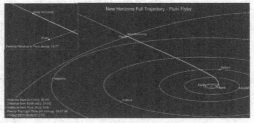

图 8.7　"新地平线号"飞往冥王星的线路。当它穿越木星轨道时，从木星附近掠过，从而借助木星的引力提高了速度

效，然而时常绕道，等于舍近求远，其消耗在路上的时间往往动则好几年，至于飞往极为遥远的太阳系深空就更是旷日持久了。

再说化学燃料总有用完的时候，而太空飞行能携带的燃料又总是有限的。假若你要驾车去遥远的乡间，而沿途又没有加油站，你便必须携带足够多的油料，但你又不能让油料占用太多空间，否则你便没有地方装载其他东西了。在太空任务中，这样的难题始终令人烦恼，它限制了探测器从事更为复杂的太空任务，或者飞向更为遥远的探测目标，同时也促使人们想出更好的办法为探测器的远行提供动力。

四、加速，再加速

1998 年，一艘名叫"深空一号"的太空探测器发射升空，开始了具有历史意义的太空旅行。"深空一号"携带了一种新型的推进

器——离子引擎。与普遍的化学推进器不同，离子引擎使用电能电离气体作为推进剂推动航天器前进。"深空一号"的发射为太空旅行开辟了一个电推进的新时代。

离子引擎使航天器由被动的滑行变为主动的持续加速，它的能量来自太阳能电池板或者核燃料，前者被称为"太阳能电推进"（图8.8），后者被称为"核电推进"。当太空任务在太阳和火星之间进行时，用"太阳能电推进"很有效，当太空任务的范围超过了火星，由于那里的阳光十分微弱，人们便倾向于选择"核电推进"。

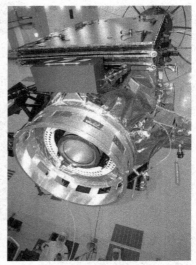

图8.8 "深空一号"上的太阳能电推进离子引擎

"深空一号"的能量来自一个先进的太阳能集电器，它由太阳能电池和一个聚集阳光的镜片矩阵组成，这两个部分将23%的阳光转化成了电能。

离子引擎的推力极小，但工作时间比传统火箭长得多，可连续运转数月和数年，并通过推力的逐渐积累使航天器产生足够高的速度（图8.9），所以"深空一号"

图8.9 离子引擎的推力极小，但工作时间非常长。这是正在测试中的安装在"深空一号"上的离子引擎

的速度可以逐渐加速到非常高，它每过一天，时速就增加了 25 至 32 千米。比如，如果用它代替"罗塞塔号"飞往丘留莫夫 - 格拉西缅科彗星，它一个来回只需 5 年，而"罗塞塔号"光抵达彗星就花了 9 年。2001 年 9 月 22 日，"深空一号"飞临伯莱尼彗星（图 8.10），拍摄了非常清晰的彗核照片，并发回大量数据。

图 8.10　"深空一号"飞临伯莱尼彗星

"智慧一号"是另一艘使用了离子引擎的探测器（图 8.11），重 370 公斤。2003 年 9 月由"阿丽亚娜 5 型"火箭发射升空，是欧洲空间局发射的第一艘月球探测器。2006 年 9 月 3 日，"智慧一号"按预定计划撞击月球，圆满完成了使命。

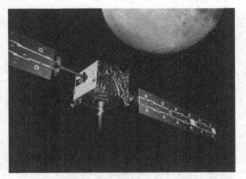

图 8.11　安装了离子引擎的月球探测器"智慧一号"

随着离子引擎技术的发展，人们在接下来的深空探险中就越来越娴熟地使用了这种技术。最成功的实例是"黎明号"小行星探测器，它使用了三个离子引擎，推进效率更高，这使得人们只需实施一次太空任务就能完成对两颗星球的环绕探测，从而达到了"一箭双雕"的效果。另外，2003 年日本发射的"隼鸟号"小行星探测器也使用了离子引擎，这次飞行成功探测了小行星"丝川"。

第二节　帆在太空复活

一、太阳风帆

离子引擎已经在太空旅行中发挥了很大的作用，但太空旅行显然还有更多妙招，它们将在未来的太空探险中陆续登场，为新时代的航天飞行打开全新的局面。

大约半个世纪前，英国科幻作家阿瑟·C.克拉克写了一本名为《来自太阳的风》的小说（图 8.12、图 8.13），小说中的人物乘坐一种特别的飞船从地球飞往月球，这种飞船有一张巨大的帆，而吹动这种帆的"风"就是太阳风。

图 8.12　英国科幻作家阿瑟·C.克拉克

图 8.13 《来自太阳的风》封面

太阳风是太阳外层大气中的电子和质子流。当彗星接近太阳时，太阳风和太阳辐射会迫使彗星上的气体和尘埃粒子远离彗核形成彗尾，这种现象在大约 400 年前就启发了德国天文学家开普勒，他意识到彗尾形成于太阳风的吹拂，并产生了依靠太阳散发的能量遨游太空的设想。

最初，人们设想的太阳风帆是一块巨大轻薄的帆面（图 8.14），它在太空中展开时，太阳风产生的压力可以推动帆面前进，但后来，科学家们想到了更妙的办法。

例如，人们设想，在航天器的周围安装一圈功率强大的电磁体，它能产生一个直径达 15 ～ 20 千米的磁场，从而形成一个看不见的"磁太阳风帆"，它是一个磁场泡，包裹着航天器与太阳风中的高速电粒子发生相互作用，就如同一张"帆"被"风"吹动了一样，于是航天器就慢慢地移动起来（图 8.15）。这种航天器可以把速度提高到每小时 29 万千米，比航天飞机快 10 倍。

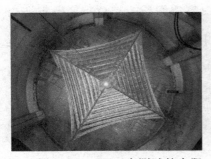
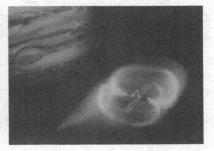

图 8.14　一面正在测试的太阳风帆

图 8.15　设想中的一艘正飞往木星的由"磁太阳风帆"推动的航天器

类似的想法还有所谓的"电动太阳风帆"。人们设想在航天器上安装一些细长的金属线，也可以让它们形成一个巨大的圆形阵列，很像一张带正电荷的"蜘蛛网"。由于同性相斥，这种装置会排斥来自太阳风的正离子，这样它就从太阳风那里获得了推力，从而像帆一样带动航天器前进了。

二、先驱们

太阳风的确可以成为推动飞船遨游宇宙的动力，不过太阳向外散发的能量除了太阳风以外，更主要的是太阳光，它是一种辐射，比太阳风中的离子流更快更稳定。人们设想，假若光也能推动太阳帆那就太好了。但光是否具有推力呢？它能推动航天器在宇宙中飞行吗？

图 8.16　法国数学家皮埃尔·伽森荻，他认为光是由坚硬的粒子组成的

17 世纪，法国数学家皮埃尔·伽森荻（图 8.16）在 1660 年出版的一本书中说到光是由大量坚硬的粒子组成的，这一理论经由牛顿阐释后得到了完善。两百多年后，即 1876 年，英国物理学家詹姆斯·克拉克·麦克斯韦（图 8.17）又提出了光压存在的观点，他认为光会对物体的表面施加压力，这个理论后来被俄国物理学家列别捷夫（图 8.18）用实验所证实。列别捷夫在真空环境中

图 8.17　英国物理学家詹姆斯·克拉克·麦克斯韦，他提出了光压的存在

图 8.18　俄国物理学家列别捷夫，他用实验证实了光压的存在

巧妙地放置很轻的叶轮，有两个叶片，一个涂黑，另一个是白的，很光亮，然后把强光束照射到叶片上，结果叶轮发生了转动。列别捷夫认为，叶轮的转动是由光压造成的，当光中的粒子撞击黑片时，它们被吸收，压力很小，而撞击白片时则被反弹，压力更大。

列别捷夫的实验为光压理论提供了实验的证明，而爱因斯坦的光子假设又为光压的存在作了合理性的说明并最终形成了现代的光子理论。爱因斯坦认为，光压之所以存在是因为光是由大量光子组成的，光子也是一种粒子，每个光子都具有能量和动量，能与物质发生相互作用，而光压就是光子把它的动量传给了物体的结果。

三、光帆的早期尝试

由此看来，太阳光的确能为太阳帆提供推力，只是单个光子产生的推力极小，即使在地球附近，阳光在一平米帆面上产生的推力也不及一只蚂蚁的重量，所以要获得足够的推力，太阳光帆就必须做得很大，还要平整光滑。从理论上说，一个行星际太阳光帆只需加速三年，速度便能大大超过冥王星探测器"新地平线号"。"新地平线号"用了九年时间才抵达冥王星，而使用加速三年的太阳光帆则只需五年。由于光帆最擅长距离遥远的太空旅行，所以人们认为，在未来的太空探测中，光帆很有可能成为前往其他星球的最合理选择。

最早尝试太阳光帆的实践开始于 20 世纪晚期。70 年代，有科学家打算发射一艘太阳光帆航天器去会合将于 1986 年靠近地球的哈雷彗星，这个计划因技术不成熟未能实现。1993 年，苏联科学家将一面反光镜送入太空，他们希望这面旋转的镜子能反射阳光从而在夜间

图 8.19　一面用于反射阳光的太阳光帆

照亮黑暗的地面。虽然这个反光镜很难叫以产生动力为目标的光帆，但人们依然肯定了它的意义，因为它很大，很轻，能反光，而且能像帆一样地展开，实际上就是一张太阳光帆（图 8.19）。

然而苏联人并没有成功，那面用箔做成的反光体在加拿大上空的大气层中焚毁了，后来他们又做了一面更大的反光镜，但依然没有成功，这项工程只好终结。但苏联科学家完成了了不起的尝试，在技术上为后来以太空旅行为目标的太阳光帆的诞生创造了条件。

四、"宇宙一号"和"伊卡洛斯号"

第一艘真正称得上太阳光帆太空船的航天器是"宇宙一号"（图 8.20）。

"宇宙一号"有八面三角形的帆，每面帆长 15 米，展开后的总面积达 600 平方米，相当于一个半篮球场那么大，这些帆环绕在飞船的周围。按照计划，"宇宙一号"会在进入

图 8.20　"宇宙一号"光帆太空船

轨道后像花瓣一样地展开，然后在地球上空飞行一个多月，其目的是验证太阳光帆是否真能在光子的推动下实现正常飞行。

2001年7月20日，"宇宙一号"从一艘俄罗斯核潜艇上发射升空，然而未能和火箭分离，最后折翼大海。此后，科学家们又建造了新的光帆，名字仍为"宇宙一号"。2005年6月22日，新建成的"宇宙一号"再次发射，而这一次，它同样没能按照人们的意愿进入轨道。由于运载火箭出现故障，这艘新型飞船在升空不久后便与地面失去了联系。

然而科学家们并没有放弃太阳光帆，实验一直在进行。2010年，一艘名为"伊卡洛斯号"的日本光帆太空船（图8.21）利用太阳光压成功地在太空飞行中实现了减速，它用一个月的时间仅仅依靠阳光作用于帆上的力

图8.21 "伊卡洛斯号"光帆太空船

量将时速降低了38千米/时，这预示着，光帆，这种此前只得到理论证明的太空"推进器"终于产生了实际的效用。

在工业革命以前，地球的海洋上漂满了帆，人类正是在它们的帮助下完成了"地理大发现"的壮举，但后来它们被机器引擎取代了，然而在太空中，帆将再度进入人类的视野。有人相信，以太空帆为动力的太空飞行将成为未来深空飞行的主要方式。

更有可能的一种情形是，每种动力方式都将发挥自身独特的作用。不论是化学火箭、离子引擎，太阳光帆，还是太阳风帆，它们

都有优点和不足，但互为补充，共同发展则会为航天器前往不同目标提供最合理的选择。

第三节　探测器家族的"小精灵"

一、从"贵族"到"平民"

一般来说，探测器的功能会越来越复杂，本领越来越高强，加之运载火箭的"力气"也越来越大，所以探测器的个头也就相应地越来越大了。例如"好奇号"火星车就大得像一辆吉普，"卡西尼号"土星探测器也是"大个头"，假若它是一个容器，你甚至可以把一辆小汽车放进它的肚子里。

但现在，情况开始发生变化了。人们意识到，现代微电子学的进步很适合发展"迷你卫星"，它们个头很小，用途却不小。为了便于生产，科学家们发展了一种标准化的模式，每个部件都能方便地组装，造价便宜且灵活性高。有了这种模式，制造一个探测器就容易多了。

如此一来，太空探测器便迈开了由"贵族"转向"平民"的重要一步，它们很可能会变得不再专属于声名显赫的"航天巨头"，一些非常普通的团体，例如一般大学的研究机构，甚至酷爱航天的个人也有可能拥有自己的太空探测器了。

没有人知道这种探测器的登场会给未来航天业带来什么，但人们已感觉到它们的魅力难以抵御，它们就是方兴未艾的航天新秀——"立方体卫星"（图8.22、图8.23）。

看上去，立方体卫星非常简单，可以小到只相当一条面包或者一只装鞋的盒子。它们可以单独遨游太空，也可以和其他"模块"

250

组合升级，还可以形成一个"编队"。2003年，人们将第一颗立方体卫星送上太空，此后这个家族便日益兴旺，发挥的作用也五花八门，有的测试某种部件在太空环境下如何工作，有些测试微生物在太空中如何存活，有的探测地球的大气环境……实践证明，它们的个头虽小，但作用正在日益显露。

图 8.22　一个将前往火星的立方体卫星"MarCO"　　图 8.23　正在组装的立方体卫星

那么立方体卫星会不会取代主流的"大卫星"呢？不会的，因为大也有大的长处，而立方体卫星是作为探测器家族中的"小精灵"登场的，它们是探测器"大军团"中一支灵活机动的"轻骑兵"。

二、很想自己飞

一般情况下，立方体卫星没有携带变轨所需的推进系统，因为这种系统必须装载燃料、有毒气体和液体，并放置在高压的环境中，所以大多数立方体卫星需要随同较大的航天器一同升空，或者由空间站释放到太空（图8.24），这种方式被形象地称为"搭便车"。但在行星际旅行的太空任务中，这种状态就必须改变，因为在那种时候，立方体卫星必须自由飞行，它们要离开地球轨道，飞向更远的行星，它们甚至需要组成一个编队，在那种情况下，推进系统就非

要不可了。

于是人们只得研制体积很小的推进器，例如人们研制了一种小推进器，上面有 500 个极小的喷射尖端，能喷射小型的离子喷流。尽管在地球上，这种喷流几乎产

图 8.24　国际空间站释放两颗立方体卫星

生不了什么推力，但在太空中却正好推动一个鞋盒大小的卫星前进。有了这种推进器，立方体卫星就既能灵活地变轨，又能节省空间容纳更多载荷了。

除了使用推进器外，人们还想出了很多新奇的点子。有人设想，当立方体卫星通过"搭便车"进入轨道后，可以使用一根旋转的绳索将它们"掷"到太空中去，这种方法叫"掷锤"。

图 8.25　一颗带有太阳帆的立方体卫星飞往一颗小行星

相比较与"掷锤"，使用太阳帆可能更稳妥一些（图 8.25）。如前所述，太阳帆的方式有光帆和风帆两种。光帆需要一张实体的帆，而"电动太阳风帆"则可以是几根带正电荷的金属线。人类第一颗"电动太阳风帆"立方体卫星已于 2013 升空（图 8.26）。人们还设想把金属线织成一个网，这样一来，飞船就变成了一个类似车轮辐条的东西，又像一个被风吹起的蒲公英种子，它一面作离心式旋转，一面搭乘太阳风飘向远方，而连续的推力会使它

越飞越快，乃至于以每秒50千米的速度巡航太阳系。

三、"鸟群"战术

立方体卫星能做很多事，它们可以三三两两地组成"编队"，甚至像鸟群一样形成"军团"，能去的地方也几乎和普通探测器没有分别，而火星则是它们的首选目标（图8.27）。前面说道，人们已经在火星的大气中侦测到了甲烷，这种物质被认为是可能存在生命的一种标记。通常情况下，一般

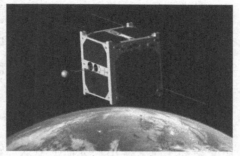

图 8.26　人类第一颗"电动太阳风帆"立方体卫星"ESTCube-1"

图 8.27　前往火星的立方体卫星"MarCO"有两颗，它们组成"编队"，负责向地球传输火星着陆器着陆状态的数据

的探测器很难在短时间里找到它们，但使用一组便宜的"立方体着陆器"就不同了，它们可以向一群鸟一样着陆到火星上的不同地方，这样一来，破解火星"甲烷之谜"的机率就大幅提升了。

除火星外，立方体卫星的另一类潜在目标是小行星。科学家们设想将一组装有地震检波器的立方体卫星投放到小行星上，这样就能检测小行星上的地震波。那些地震波可能来自人类的撞击器对小行星的撞击，也可能来自引力导致的小行星变形。例如当一颗小行星从地球旁经过时，地球的引力就会使小行星产生难以察觉的变形。这种时候，小行星上由立方体卫星组成的地震波监测网就能监测出

某种形式的地震波，这样的地震波能使科学家们知道，那颗小行星是否结实，也能显示某些线索让人们研究太阳系中的大型天体是怎样由小天体一点点地组合而成的，还能告诉人们如何用最好的方法摧毁离我们太近的危险小行星。

在太阳系里，木卫二也是一颗会"变形"的天体，它的变形是由木星和木星系统中的其他大卫星导致的，那些天体产生的引力拉扯木卫二，使它的内部变得很热，从而释放热量制造了一个液态的海洋。科学家们设想，派一组也装有地震检波器的立方体卫星前往木卫二，它们的探测会让人们知道，在木卫二的冰下，最有可能存在生命的地方究竟在哪里。

离开木卫二，再让我们去土星环看看吧，那里离我们更为遥远，但立方体卫星依然能够大显身手。土星环中存在很多未解之谜。例如环内物质如何运动，如何分布，如何碰撞和组合等等。科学家们可以派立方体卫星进入土星环，用射电波探测环内物质的分布和运动，了解环内冰粒的碰撞和组合。这样的研究对认识太阳系早期行星如何形成具有重大意义。

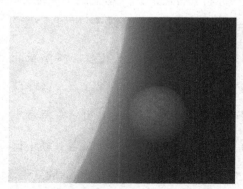

图 8.28 行星 55 Cancri e 正围绕它的恒星运行

对于立方体卫星的用途，人们自然不会忘了寻找系外行星，他们研制了一种立方体卫星，其目标是观测一颗超密集的系外行星 55 Cancri e（图 8.28）。也许人们可以发射很多这样的立方体卫星做同样的工作，如此一来，人们就可望依靠这种卫星去寻找更多类似地球的系外行星了。

第四节 人类渴望远行

一、"大三角"遐想

18 世纪早期，德国博物学家莱布尼茨在思考我们生活的这个星球时，认为仁慈的上帝为人类创造了一个最完美的世界，而事情看起来也真是这样。当人们逐渐了解了我们邻近的星球和一些更加遥远的星球后，他们便越来越坚信，地球在宇宙中近乎独一无二地完美（图8.29）。

图 8.29　今天人们认识到，地球的确非常"完美"。这是一张名为"蓝色大理石"的地球照，由"阿波罗 17 号"于 1972 年拍摄。拍摄时距地球 45 000 千米

然而问题是，无论地球多么完美，它也不是我们永远的家，因为宇宙中没有一个地方可以永远地"完美"下去，这个事实必然演绎出一个如同定律一般的结论，那就是，"任何只能在一个星球上生活的物种都是注定要灭绝的。"正因为如此，人类渴望远方的世界，他们一直在寻找"第二个地球"。

在夏天的夜晚，当我们仰望北半球的星空，我们会看到三颗明亮的星，它们组成一个大三角形高悬在东南方的天幕上。在三角形中，靠西边的那颗是织女星，银白色的，位于天琴座；东南方的那颗是牛郎星，位于天鹰座；靠东的那颗叫天津四，位于天鹅座。三

颗星都很明亮，它们的中间"流过"灿烂的银河。这三颗星是夏季夜空的重要标志，被人们称为"夏季大三角"。

千百年来，人们仰望"大三角"，遐想牛郎织女的鹊桥相会，演绎东西方民族的美丽传说，而现在，你还可以想象更多的东西了。比如，那里可能隐藏着一些和地球一样美丽的行星，它们环绕自己的"太阳"旋转了亿万年，那上面有液态的水和适于生命存在的环境，那里是宇宙中的生命"绿洲"……

图 8.30　开普勒太空望远镜

之所以可作如此遐想是因为人类把一架名为"开普勒"的太空望远镜送上了太空（图 8.30）。这架望远镜持续搜索"大三角"内的选定天区（图 8.31），用好几年时间观察了大约十万颗恒星，发现了大量候选的"系外行星"（图8.32）。"开普勒"记录恒星表面光线的微弱变化，当有行星划过恒

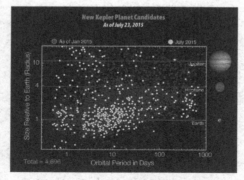

图 8.31　此图显示开普勒太空望远镜的观测区域。上面两个星座是天鹅座和天琴座，下面是天鹰座。银河贯穿其间

图 8.32　此图显示开普勒太空望远镜发现的候选"系外行星"。暗点为 2015 年 1 月前所发现，亮点为 2015 年 7 月发布的新目标

星的表面时，它能发现恒星的光线变暗了，从而判断行星的大小和距离。由于"开普勒"的这种本领，它找到了一些和地球有些相似的"类地行星"。

二、遥远的"近邻"

问题是，它们太远了。例如，"开普勒186f"就是开普勒太空望远镜寻找到的一颗"类地行星"（图8.33），距离地球大约500光年。这个距离在宇宙中不算大，但对我们而言，它就大得难以想象，即使用光速前往也要500年，而假若用现有的航天器则需要1000万年，所以依靠现在的技术，人类几乎没有办法到那里去。

图8.33　"开普勒186f"是开普勒太空望远镜寻找到的一颗"类地行星"，距离地球大约500光年

假若我们不去那么远的地方，只将目标设定在离我们最近的恒星又怎样呢？

在南天的夜空里，人们会看到半人马座，它位于长蛇座的南边，其主星阿尔法由三颗恒星组成：阿尔法A，阿尔法B和阿尔法C。阿尔法A和B是双星，阿尔法C离我们最近，是三颗星中最暗的一颗。在科幻小说中，人们常常提到半人马座阿尔发星。美国科幻作家弗雷德里克·波尔在他的科幻小说《飞向半人马座》里就描述了八位勇敢的年轻人乘坐"宪法号"太空船飞向半人马座阿尔法星的故事。在那个故事里，"宪法号"太空船的目的地是阿尔法星的行星天牛星。在书中，这颗行星被认为是不存在的，然而在现实中，情况

图 8.34　从一颗假想的围绕阿尔法 A 运行的行星上看到的天空，图中右边的亮星是阿尔法 A，远处那颗星是阿尔法 B

可能很不一样。有科学家预言说，类似地球的岩石行星有可能在阿尔法星中的某颗恒星周围形成（图 8.34）。果不其然，后来真有科学家宣布了他们的发现：一颗和地球质量相近的行星正存在于阿尔法 B 星的附近。

好吧，那就让我们到阿尔法 B 星去看看吧，它是离我们最近的恒星"邻居"，距地球只有 4.37 光年，从宇宙的尺度看可谓"近若比邻"，然而当我们真要起程去那里的时候，就会发现事情远非那么容易。4.37 光年虽然在天文学上只是一个很小的数目，但却是地球和太阳距离的 27 万 6 千倍。假若以现在的技术，让一艘航天器前往那里，它就要旅行 16 万年，这就是说，假若人类在穴居时代就发射了一艘奔往半人马座阿尔法 B 星的航天器，它到现在也才仅仅走了全部路程的不到十分之一。

三、核动力之梦

所以说，在宇宙的尺度上，使用人类现有的航天技术，即使是最先进的，也慢得如同蜗牛一样令人无法忍受。人类要进行真正意义上来往于恒星间的"星际旅行"，就必须找到和传统航天飞行很不一样的办法。

也许核能是一个办法。虽然放射性同位素热电式发电机也是核

图 8.35 概念中的核裂变推进太空船

能，但它以衰变的方式产生能量，功率太小。不过假若将一个裂变推进器安装在航天器上，情况肯定会大不一样，这就是构想中的核裂变推进系统（图8.35）。它可以将航天器带向太阳系外围从事长时间的科学考察，也可以飞出太阳系从事星际旅行。

然而裂变存在严重的辐射问题，人们倾向于另寻办法，而这个办法就在我们的头顶上。抬头仰望，夜空中的每一颗恒星都在进行一种蕴藏着巨大力量的神奇反应，它们将原子核结合成更大的核，同时释放巨大的能量，这个过程就是核聚变。太阳就是这样一个天然的"核聚变反应堆"（图8.36）。假若人类能够模仿太阳做一个核聚变推进器，

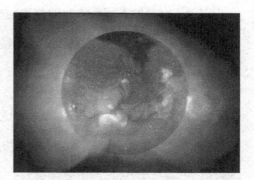

图 8.36 太阳是一个天然的"核聚变反应堆"

它就至少可以为航天器提供 10 亿兆瓦的清洁能源。

然而，按照我们现在对核聚变推进器的理解，要安装一架这样的机器，航天器就不得不大得不近情理，它重达好几百吨，像一座太空城堡。

于是又有人提出了"星际冲压发动机"的概念。作为一种星际

图 8.37 "星际冲压发动机"是一种构想中的核聚变发动机，此图为概念中的装有这种引擎的太空船

引擎，这种装置使用强大的磁场直接从星际介质中提取氢气，然后通过电离氢气将带电粒子压缩到核聚变反应堆中（图 8.37）。使用这种方法，星际太空船可以加速到接近光速，前往半人马座阿尔法星一趟来回只需 8.8 年，但当它回到地球时，地球上的时间则已经过去了 13 年，因为这种飞船在进行星际旅行的同时也在进行时间旅行。

当然，这种航天器所需要的核聚变推进系统现在并不存在，即使是实验中的核聚变系统，它们产生的能量也不比它们消耗掉的能量多。

四、再一次出发吧

比"星际冲压发动机"更加大胆的理论还有"曲率驱动"。科学家们设想一种具有负质量的"特异物质"可以扭曲时空，造成飞船前方空间收缩，后方空间膨胀，从而使飞船在不违背相对论的情况下超光速飞行（图 8.38）。

看起来，"曲率驱动"太"科幻"了，但也并非完全不切实际。有人发现，打开时空所需的能量并没有此

图 8.38 使用"曲率驱动"方式飞行的太空船

前认为的那样大。此前人们还认为突破光速的飞行是不可能的，一切物体的运行速度都受光速的限制，但在"曲率驱动"的概念下，时空以超光速移动，所以太空船就可以超光速飞行了，只是打造这样一种能压缩和膨胀时空的技术显然还是很"科幻"。

除此之外，人们在星际旅行上还有什么"金点子"呢？

有一种技术名叫"DE-STAR"，是一种激光技术，它利用太阳能电池板收集能源，从而产生强大的激光束以销毁危及地球的小行星。从理论上说，"DE-STAR"可建成多种尺寸，越大，能量就越强。

但当这种技术被用在太空旅行中时，它的目标就不是指向小行星，而是一艘航天器了。"DE-STAR"将能量束射向太空船，太空船上一面镜子似的"帆"会反射这种能量束，从而产生对太空船的推力，这和太阳光帆靠反射太阳光子产生动力的道理是一样的。使用这种方法，一个在轨道上存在的 10 千米宽的激光阵列就可以推动一艘 100 公斤重的太空船以 2% 的光速航行了。

事实上，类似的点子还有很多，有些听起来更"科幻"，但可以肯定的是，它们代表了未来航天科技的新方向。

当"新地平线号"飞掠了冥王星后，人类新一轮的太阳系探索就拉开了序幕（图 8.39）。我们此时的心情很像当年渴望发现新大陆的

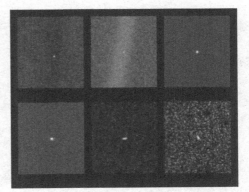

图 8.39 当"新地平线号"飞掠了冥王星后，人类新一轮的太阳系探索拉开了序幕。这是太阳系中的 6 颗大行星。从左到右分别是金星、地球、木星、土星、天王星、海王星。"旅行者 1 号"拍摄

哥伦布。探测器将更加频繁地飞往外太阳系，造访那里令人神往的行星、卫星、小行星和柯伊伯带天体。木卫二、土卫二、土卫六和海卫一将成为太空探测器重点的探测对象。

接下来，人类是不是要飞往一颗太阳系之外的星球了？

科普作家卡尔·萨根说："我们已经在宇宙海洋的岸边徘徊很久了，终有一天，我们要扬帆启航，前往其他星球。"

让梦想引领我们再一次出发吧。